实用谚语丛书

农业谚语

◎主编 吴建生

编著 柳长江

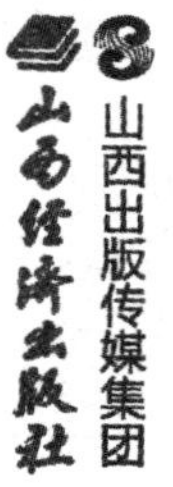

山西出版传媒集团

图书在版编目(CIP)数据

农业谚语 / 吴建生主编；柳长江编著. — 太原：山西经济出版社，2017.4（2019.11 重印）

ISBN 978-7-5577-0176-5

Ⅰ.①农… Ⅱ.①吴… ②柳… Ⅲ.①农谚－汇编－中国 Ⅳ.①S165

中国版本图书馆 CIP 数据核字(2017)第 082647 号

农业谚语

主　　编：吴建生
编　　著：柳长江
出 版 人：孙志勇
选题策划：董利斌
责任编辑：李春梅
封面设计：华胜文化

出 版 者：山西出版传媒集团 · 山西经济出版社
地　　址：太原市建设南路 21 号
邮　　编：030012
电　　话：0351-4922133（市场部）
0351-4922085（总编室）
E－mail：scb@sxjjcb.com（市场部）
zbs@sxjjcb.com（总编室）
网　　址：www.sxjjcb.com

经 销 者：山西出版传媒集团 · 山西经济出版社
承 印 者：山西三联印刷厂

开　　本：880mm×1230mm　1/32
印　　张：7.25
字　　数：188 千字
印　　数：22001-25000 册
版　　次：2017 年 5 月　第 1 版
印　　次：2019 年 11 月　第 6 次印刷
书　　号：ISBN 978-7-5577-0176-5
定　　价：22.00 元

前 言
QIANYAN

谚语是在人民群众中广泛流传的一种固定的语句。它用简单通俗、精练生动的话语反映出深刻的道理，总结出丰富的经验，是中华民族的文化瑰宝，历来深受人民群众喜爱。

谚语取材广泛，内容涉及农业、经济、教育、品德修养、人际交往、养生保健等多个方面。有些谚语劝导人们扬善抑恶、勤劳俭朴、团结友爱，颂扬人世间的美好与正义，讥讽、鞭笞丑陋、虚伪的人或事。如火要空心，人要实心；勤能补拙，俭以养廉；人心齐，泰山移；善有善报，恶有恶报；白日不做亏心事，半夜不怕鬼上门；为人莫贪财，贪财不自在，等等。有些谚语则反映丰富的人生体验，总结社会生产、经济、生活以及各行各业的劳动经验，是人们生活中的百科全书。如酒逢知己千杯少，话不投机半句多；家有一老，黄金活宝；诚招天下客，誉从信中来；冬吃萝卜夏吃姜，不用医生开药方；庄稼一枝花，全靠粪当家；等等。众多的闪烁着智慧光芒的民间谚语，时时刻刻活跃在人们的语言生活中，发挥了不可低估的重要作用。

为了方便读者学习和使用谚语，我们编辑了这套《实用谚语丛书》。丛书本着古今兼收、以今为主、重在实用的原则，力求少而精。每种精选谚语 1000 条左右，加以精要注释和书证，并对一些条目的不同说法、历史来源以及相关知识做了提示。

由于地理环境的不同，一些谚语表现出较强的地域色彩；由于历史和时代的局限，一些谚语存在着一定的思想上的局限性。对这些条目，我们少量地做了保留，以留下历史的脚印，供研究者查阅。随着社会的发展，人们在交际中出现了一些新的谚语，我们也酌选收入，以期跟上时代的步伐。

本册为《农业谚语》。中国是农业大国，在长期的生产劳动中，勤劳的民众创造了大量的农业谚语。这些农谚经过了反复的验证，世代相传，反映了以农为本的农耕思想，凝结了劳动人民观察自然、精心耕耘的经验与智慧，总结了岁时节气与农时活动的运行规律，包含着丰富的农林种植、畜牧养殖、自然气象等知识。了解、掌握这些谚语，对了解中华民族几千年的农业生产，促进新农村建设，无疑是有益的。

衷心希望这套丛书能够为读者学习和运用谚语提供一些帮助。也期待着专家与广大读者对其中的不足和错误提出批评指正。

吴建生

2017 年 3 月

目录

MULU

凡　　例 ………………………… 1

一、农　事 ………………………… 1
二、土　地 ………………………… 11
三、水　利 ………………………… 20
四、肥　料 ………………………… 29
五、播　种 ………………………… 39
六、田　管 ………………………… 51
七、防　灾 ………………………… 58
八、收　获 ………………………… 67
九、林　果 ………………………… 74
十、畜　牧 ………………………… 91
十一、时　令 ……………………… 111
十二、节　气 ……………………… 129
十三、气　象 ……………………… 160
十四、物　候 ……………………… 181

条目音序索引 ……………………… 192

凡　例

FANLI

一、条目

1. 本书精选常用农业谚语约 1000 条，供具有中等以上文化程度的读者使用。

2. 条目古今兼收，以今为主，重在实用。

3. 条目一般以现代常见的谚语为主条，加以释义并举出用例。意思与主条相同或相近但说法不同的条目，作为副条，列在“提示”中，不举用例。

二、 释义与用例

1. 先对难以理解的字、词进行解释，并给难字加注汉语拼音。然后对整个条目进行释义。

2. 释义先解释本义，再解释引申义。字面上简单易懂的条目，直接解释引申意义。

3. 用例跟在释义的后边。每个条目一般只列一条用例。如有两个或两个以上义项，每个义项各列一条用例。用例注明出处，放在例句的后边。

4. 本书涉及的非法定计量单位因在

谚语中使用，已约定俗成，故不作改动。

三 、提示

对必要的条目加以提示。提示包括三方面的内容：

1. 指出该条谚语的来源。

2. 列出副条。副条前以“也说”等形式注明。

3. 介绍一些相关知识和特定的用法。

四、排列顺序

1. 首先按意义分为十四类，顺序是：农本、土地、水利、肥料、播种、田管、防灾、收获、林果、畜牧、时令、节气、气象、物候。

2. 每一类内部按条目的汉语拼音顺序排列，首字读音相同的，按第二字的读音排列，以此类推；首字音同而字不同的，以笔画多少排列，笔画少的在前，笔画多的在后。

五、检索

书后附有“条目音序索引”，以便检索。索引按照主条首字的汉语拼音顺序排列，副条放在括号内，列在主条的后边。

一、农　本

【百业农为本，农兴百业兴】

指各行各业都要以农业为根本，只要农业兴盛，所有行业都会兴盛起来。{例} 百业农为本，农兴百业兴。在今天的社会经济条件下，农业能否兴旺发达起来，与农村市场化密切相关。(习近平《农村市场化：加快农村经济发展的关键环节》)

提示　此谚也说“百业农为本，民以食为天”“百业农为本，万般土里生”等。

【兵马未动，粮草先行】

军队尚未行动，就要事先做好物资准备。泛指无论做什么，首先得把吃饭的事情安排好。{例}俗话说：“兵马未动，粮草先行。”可见后勤保障的重要性。有一次，我们向日本同行谈起：承担大型运动会，电视转播应该注意什么？他们认为最重要的是解决好吃饭问题。(杨伟光《中国电视发展史上的丰碑》)

提示　此谚也说“军马未动，粮草先行”“三军作战，粮草先行”等。

【堆金不如积谷】

谷：五谷，五种谷物，通常指稻、黍、稷、麦、豆，也指稻、稷、麦、豆、麻，常总称粮食作物。堆积金子，不如储存粮食。指饥荒时粮食比金子更实惠。{例}自古道：“堆金不如积谷。”当不得他贱买贵卖，日长夜大起来，不止三十年，做了桃源县中第一个财主。(《连城璧》)

【丰年珠玉，俭年谷粟】

珠玉：珍珠和玉石，泛指珠宝。谷粟(sù)：谷类的总称。指丰收年珠宝就吃香，灾荒年粮食最珍贵。{例}金银珠玉，唯有丰年，人以为货。故谚云：“丰年珠玉，

俭年谷粟。”(唐·王方庆《魏郑公谏录》)

【谷贱伤农,谷贵饿农】

粮价过低,农民觉得种粮不合算,积极性就会受到挫伤;粮价过高,农民为了多得钱,就会把粮食卖掉,自己反而挨饿。指制定粮价必须合理,才能维护农民的利益。{例}要在取消农业税的同时,在资金、场地等方面加强对农村发展加工业、服务业的支持,推动农民创利增收。加强对农业生产的引导和农产品的销售组织,有效降低“谷贱伤农”和“谷贵饿农”的影响。(程小旭《解开消费者钱袋子需先解决其后顾之忧》)

提示 此谚出自《新五代史·冯道传》。明宗问曰:“天下虽丰,百姓济否?”道曰:“谷贵饿农,谷贱伤农。”也说“谷甚贱则伤农”。

【官出于民,民出于土】

指官府的钱财出自百姓,百姓的钱财出自土地。{例}官出于民,民出于土。中国乃是个泱泱农业大国。农民、农村、农业问题依然是国泰民安的基础。(周振林《从雍正设农官之举谈起》)

【国以农为本,民以食为天】

指国家的存在以农业为根本,百姓的生存以粮食为第一。{例}在对农民的实际生产指导中,对于各种产品、各个时节,包老都有相对应的谚语。我们先来看看包老指导农业生产时的一些话:“国以农为本,民以食为天。”(余赛华《谚语大王——包永祺》)

提示 以农为本,以粮为重,是历代统治者一贯的指导思想。据《盘古至唐虞传》记载,神农氏出令教民曰:“民为邦本,食为民天。”《汉书·郦食其传》提出:“王者以民为天,而民以食为天。”《三国志·魏志·和洽传》:“国以民为本,民以谷为命。”唐·吴兢《贞观政要·务农》:“凡事皆须务本,国以人为本,人以衣食为本。”《隋书·长孙平传》:“国以民为本,民以食为命。”宋·司马光《言蓄积札子》:“国以民为本,民以食为天。”清·俞森《禁宰耕牛》:“国以民为本,民以食为本。牛少则不能多垦矣。”至于“民以食为天”,更是广为流传的一句谚语。

【家要富，靠余粮；国要富，靠积粮】

指家庭和国家一样，要想富裕起来，就得靠积存粮食。{例}这时，刚好一个老头走过来，朱元璋拦住说："老大爷，今年大丰收啦！""嘿嘿，你看那麦棵，稠得连兔子都钻不进去；你看那穗子，像狗尾巴，沉甸甸的。'家要富，靠余粮；国要富，靠积粮'啊！"(黎邦农《访贤》)

【金汤之固，非粟不守；韩白之勇，非粮不战】

金：指金属铸成的城墙。汤：指滚水灌成的护城河。粟(sù)：谷子，泛指粮食。韩：西汉大将韩信。白：秦国大将白起。即使有金城、汤池那样坚固的工事，没有粮食也防守不住；即使有韩信、白起那样的勇将，没有粮食也无法作战。指粮食在一切条件中占居首位。{例}在补给条件上有所谓"金汤之固，非粟不守；韩白之勇，非粮不战"之说。……别说粮，连最基本的水都没有，但是英勇的74师依然顽强地坚守了三天三夜。不愧是抗日的铁军！(周明《20世纪中国十大经典守城》)

提示 此谚出自《魏书·薛野传》。虎子上表曰："臣闻金汤之固，非粟不守；韩白之勇，非粮不战。故自用兵以来，莫不先积聚，然后图兼并者也。"

【孔子孟子，当不了谷子】

孔子：儒家的创始者，人称"圣人"。孟子：孔子学说的继承者，人称"亚圣"。圣人的学说再好，也不能代替粮食。指空谈大道理不行，得解决实际问题。{例}还是俗谚说得好："孔子孟子，当不了谷子。"……在老百姓的心目中，自己能够活着或者活得更好，那才是第一位的，最重要的，解决现实的物质存在的问题才是最根本的。(余治平《新民与亲民——作为中国古代政治哲学的一个问题》)

提示 此谚也说"孔子孟子，当不得我们挑谷子"。

【粮食是宝中宝】

指粮食是一切宝物中最值得珍惜的。{例}乐大爷："你愁甚？拿上猪头还怕找不到庙门？自古道，粮食是宝中宝。放到明年青黄不接的时候，说不定还能卖个好价钱！"(孙谦《黄土坡的婆姨们》)

【买金不如买豆】

购买金子不如购买豆子。指粮食比金银更宝贵。{例} 俗话说:“堆金不如积谷。”就 2007 年的情况来说,真的是买金不如买豆。(刘洋《永安期货农产品投资策略》)

【农民不种地,饿死帝王家】

农民如果不种地,帝王将相家的人也会饿死。指即使是最高统治者和最高封爵,也离不了农民。{例}豆女说:“你爷爷你爸爸是什么东西。听我的,‘农民不种地,饿死帝王家’。”(楚良《天地皇皇》)

【农民富不富,要看村干部】

指村干部的素质如何,是能否带领农民致富的决定因素。{例}常言说:“农民富不富,要看村干部”,“领导班子强,屋脊一根梁”。村干部是联结党的政策和村民的纽带,是带领村民致富的领头雁,这就要求他们不仅要有较强的政策观念、文化素养和一定的领导艺术,最重要的是必须具备开放的市场观念、敏锐的现代意识、艰苦奋斗的精神。(战波等《丫村富步……缘何慢悠悠》)

【千行百行,种庄稼才是正行】

指无论有多少行业,农业生产都应该排在第一位。{例}我想着,月亮光再亮,也晒不干谷子,外乡再好,也比不了咱家乡。千行百行,种庄稼才是正行。我是想回乡。(李準《黄河东流去》)

提示 此谚的不同说法较多,如“千行万行,庄稼是头一行”“七十二行,庄稼为王”“七十二行,庄稼为强”“三十六行,庄稼为强”“三十六行,种田下地第一行”等,都体现了人们对农业的深厚情结。

【千生意,万买卖,不如翻地块】

指无论哪种经商办法,都不如种地靠实、长久。{例}老辈人的话没有错:“千生意,万买卖,不如翻地块。”当他闯荡几十年,再次回到这块土地上时,感受到一种从未有过的踏实。(李昌《枫树凹》)

【人生天地间,庄农最为先】

庄农:农民,此处指务农。指人生在世,应该把务农排在领先地位。{例}“人生天地间,庄农最为先。”还是悬崖回马,解甲归田,老老实实务弄庄稼为好。(王厚选《古城青史》)

【若要富，土里做；若要饶，土里刨】

饶(ráo)：富饶。指农民要想致富，必须在土地上多下功夫。｛例｝若要富，自古便是一个众说纷纭的话题。往大里说，“欲富国者务广其地，欲强兵者务富其民”，这是谋臣给皇帝的献策；往小里说，“若要富，土里做；若要饶，土里刨”，这是老百姓谋生之道的格言，或曰俗谚。(刘思《关于“若要富……”》)

提示 此谚早在元杂剧里就有，如《冻苏秦》楔子，“孩儿也，俺是庄农人家，一了说：‘若要富，土里做；若要饶，土里刨。’依着我，你两个休去，则不如做庄农的好。”又如《飞刀对箭》一折：“〔孛老儿云〕俺庄农人家，欲要富，土里做；欲要牢，土里刨。”

【三年可以学成个好买卖人，十年也学不成个好庄稼汉】

三年、十年：都是泛指数。指要想成为种庄稼的能手，比做个好商人难度还大。｛例｝柳铁旦：“人常说：三年可以学成个好买卖人，十年也学不成个好庄稼汉。咱是不会种地的农民！”(孙谦等《咱们的退伍兵》)

提示 此谚也说“三年熬出个好买卖人，一辈子难练出个庄稼汉”。

【三年易考文武举，十年难考田秀才】

举：举人，明清两代每三年在各省省城举行一次乡试，考中者称举人，可依科选官。田秀才：种田的行家。指要想成为种田的行家，比考中举人还费功夫。｛例｝有句古话说得好，“三年易考文武举，十年难考田秀才”。要谈知识学问，你们大家才是真正的老师哩。(罗旋《南国烽烟》)

【时和岁丰为上瑞】

瑞：吉兆。指四时和顺、五谷丰收，是国家最大的吉兆。｛例｝古人有言曰：“时和岁丰为上瑞。”今阴阳不和，水旱为灾，四方告饥，不可胜纪……何救民之饥而欲表贺哉！(明·余继登《典故纪闻》)

【手中有粮，心中不慌】

手里只要有了积存的粮食，心里就不会慌张。指存粮是应对饥荒的首要措施。｛例｝这些漂亮有力的“组合拳”，极大地调动了农民群众种田产粮的积极性，迅速扭转了粮食生产滑坡的被动

形势。过去人们是“手中有粮，心中不慌”，现在老百姓是“心中有党，遇事不慌”。（朱雪志《粮价上涨为何市民不慌》）

提示　此谚也说“囤里有粮，心中不慌”“家中有粮，心中不慌”。

【天下农民是一家】

指普天下的农民，就像一家人一样利害相连。{例}你们不知道南堡社员饿肚子？天下农民是一家，谁也有求人的时候，眼看着别人掉到河里快淹死了，你们就忍心站在干岸上看笑话？（孙谦等《几度风雪几度春》）

【天下之计，莫于食；天下至险，莫于海】

天下的事情，没有比粮食更重要的；天下的危险，没有比海运更可怕的。指谋划粮食最重要，海上运行最危险。{例}古语道：“天下之计，莫于食；天下至险，莫于海。”在当时的条件下，海运非常危险，“天有不测风云”，安全没有保障。（马书田《天妃娘娘（妈祖）》）

【田家四季苦，农人瞌睡香】

指农民一年四季都要辛苦劳作，但他们的睡眠是香甜的。{例}田家四季苦，农人瞌睡香。春夏两季大旱，到了秋天，老天爷开了恩，降了几场普雨，虽然是晚了些，但他们依旧有做不完的活计。（季栋梁《一根烟》）

【土里求财，不用说话】

指靠土地获得财富，辛勤耕作即可，不需求情说好话。{例}做生意不比种地，种地是脊梁朝天脸朝土，土里求财，不用说话。（李凖《黄河东流去》）

【土能生万物，地可发千祥】

指土地能生发一切物种，带来许多吉祥。{例}他一字一顿地说：“土能生万物，地可发千祥——这句话好，就把它写成对联，祈祝风调雨顺！”（邓亮《江村事事幽》）

【万事农为本，万民食为先】

指一切事情都以农业为根本，所有百姓都以粮食为领先。{例}他反复强调：凡事皆须务本，“万事农为本，万民食为先”。管好农业和粮食，是治国之大业。（于贞华《一个“七品官”的宏图》）

【屋靠人支，人要粮撑】

指人要靠粮食支撑，就像房屋要靠人支撑一样。{例}乡村变化始于粮食有余，码在大院等待归仓的嘉禾，直观地揭示出土地自然本尔的大能与铁律，也印证了“堆金不如积谷”“屋靠人支，人要粮撑”等老话。（陈瑞生《大集体划为小集体的尝试，迎来增产又增收的好光景》）

提示 此谚也说“屋要人支，人要粮撑”。

【无农不稳，无粮则乱】

指没有农业，社会就不会稳定和谐；没有粮食，国家就容易发生动乱。{例}“无农不稳，无粮则乱。”这句谚语已是家喻户晓。身为乡长的他，连日来一直琢磨着，愈发掂量出这句话的分量。（张永泉《农为百行本》）

提示 此谚也说“无农不稳，无工不富，无商不活”。

【五谷天下宝，救命又养身】

五谷：泛指粮食。指粮食是天下最宝贵的东西，既能救人性命，又能保养身体。{例}俗话说：“五谷天下宝，救命又养身。”是姑娘的米饭营养了我啊！（周情抒《海底人》）

【乡里没有泥腿，城里饿死油嘴】

泥腿：比喻种地的人。油嘴：比喻不劳而获的人。指没有乡下的农民种地产粮，城里那些不劳而获的人就会饿死。{例}她知道那粮食是她爹爹方有田一个汗珠儿摔八瓣种出来的，是教堂用大板车拉走的。她从爹爹方有田那儿知道：“穷人的汗，富人的饭”，“乡里没有泥腿，城里饿死油嘴”。（柳溪《功与罪》）

提示 此谚也说“没有泥腿，饿死油嘴”“没有乡下泥腿，饿死城里油嘴”“没有乡下的泥腿子，饿死城里的油嘴子”等。

【乡下人不种田，城里人断火烟】

指没有乡下的农民种地产粮，城里的人就吃不上饭食。{例}她气愤地说：“你别看不起农民！老话说得好，乡下人不种田，城里人断火烟。没有我们这黑脸，哪有你这白脸吃香喝辣的！”（刘兰《百花潭》）

【笑脸求人，不如黑脸求土】

与其赔着笑脸乞求别人，不如晒黑了皮肤在土地上劳动。指自己付出辛苦，比低三下四求人舒心。{例}雁雁，我老了，一两个月没吃过一顿面条，我不会擀。常言说：“笑脸求人，不如黑脸求土。”我一辈子能用得着你们几天？（李凖《黄河东流去》）

【衙门的钱，一溜烟；买卖行的钱，几十年；地里头的钱，万万年】

在衙门里弄的钱像烟雾，转眼就完了；做生意赚的钱，可以享用几十年；靠种地得到的钱，子孙后代花不完。指不义之财来得容易去得快，只有勤苦挣来的钱才能长久。{例}刘老头不愿进城，他说："衙门的钱，一溜烟；买卖行的钱，几十年；地里头的钱，万万年。"（蒋寒中《天桥演义》）

提示 类似谚语常见于地方志记载，如民国二十六年（1937年）《滦县志》二八卷："衙门钱，一溜烟；买卖钱，六十年；庄稼钱，万万年。谓得之易者，失之易；得之难者，失之难。"也说"衙门钱，一熢烟；生意钱，六十年；种田钱，万万年""种田钱，万万年；做工钱，后代延；经商钱，三十年；衙门钱，一蓬烟""赃官钱，只眼前；赌博钱，水推船；买卖钱，六十年；庄户钱，万万年"等。

【要想富，男子力田女织布】

力田：努力耕田，泛指勤于农事。指男耕女织是我国传统的致富途径。{例}要想富，男子力田女织布。男女各有工作，家无闲人，则生之者众，食之者寡，勤俭增产能事尽矣。（《蓟县志》）

提示 此谚也说"若要富，男耕田，女织布""男当勤耕耘，女应多织布"。

【要想致富快，庄稼兼买卖】

指边种庄稼边把农产品推向市场，就能快速发家致富。{例}这伙人率先不同程度富起来，惹得其他村民眼红心热，紧赶仿效地干开了。用他们的话说："要想致富快，庄稼兼买卖。"这就无形中自觉更新了观念，有了商品意识呢。（高建中《难了悠悠故乡情》）

提示 此谚也说"要想发得快，庄稼带买卖""发家要想快，庄稼搅买卖"。

【一日无粮千军散】

一天没有粮食，再多的兵马也会解散。指没有粮食，什么事情都干不成。{例}后勤，战争时期指后方对前方的一切供应工作，和平环境指为完成中心工作而开展的物质供应等服务活动。人们常说"兵马未动，粮草先行"，又说"一日无粮千军散"。（刘远惠《增强后勤工作主动性的思考》）

【一朝无饭吃,父子两分离】

一朝(zhāo):一天。一天没有粮食,父亲和儿子也会两下里分开。指亲情代替不了维持生命的粮食。{例}咱每若自有家产,生计盈余,便收养这成保小的,也觑着哥哥的面,有甚要紧?但是咱亦家贫,自有几个孩儿,待咱日求升合养赡,真个是:一朝无饭吃,父子两分离。怎说得这话?(蔡东藩《五代史演义》)

提示 此谚也说“三日无粮,父子难顾全”“一朝无食,父子无义;二朝无食,夫妻别离”。

【一朝无粮不驻兵】

一天没有粮食,就不能驻扎军队。指粮食是维持生存的起码条件。{例}老老小小一大家子,你叫咱们怎么过呀!有道是:一朝无粮不驻兵。有的没的,好的孬的,张开眼睛七件事,揭开锅盖就得有米下锅,这你都不想想么?(白危《垦荒风》)

提示 此谚也说“三日无粮不聚兵”。

【一粥一饭饿不杀,一耘一耥荒不杀】

杀:方言,指死。耘(yún):除草。耥(tāng):用耥耙松土、除草。指只要有饭吃,就饿不死人;只要勤耕耘,就荒不了地。{例}谚云:“一粥一饭饿不杀,一耘一耥荒不杀。”(清·梁章钜《农候杂占》)

【有人斯有土,有土斯有财】

斯:就。指有人手就可以开发土地,有土地就会拥有财源。{例}小行者道:“自古有人斯有土,有土斯有财,既孽海填成平地,自当有人民居住,田地耕种,为何竟作一片荒郊旷野?”(《西游补》)

【长根的要肥,长嘴的要吃】

长嘴的:指人或家畜。植物生长需要肥料,人畜生存需要粮食。泛指无论做什么事,首先得解决吃的问题。{例}唉,人是要吃饭的呀!古话说得好:长根的要肥,长嘴的要吃!这四亩地是聪儿的,大姑妈和二姑妈用身子换的呀,是为了王家不绝代,是为了一家人有饭吃!(张保良《不该惆怅》)

提示 此谚也说“长嘴的要吃,生根的要肥”“长嘴的要吃,长根须的要肥”等。

【智如禹汤,不如常耕】

禹:夏禹;汤:商汤;二人均

为古代部落联盟的领袖。常耕：一作尝更。即使有像夏禹、商汤一样的智慧，也不如勤奋耕作。指勤于实践比聪明才智更重要。{例}《齐民要术》中有这样的谚语："智如禹汤，不如尝更。"一作常耕。意思是说，即便有像禹、汤一样的智慧，也不如勤力耕作。更何况对于常人来说，智慧远不如禹汤，就更加需要以勤为先。（曾雄生《为什么愚公会成为中国人的榜样？——中国传统农学理论对"人"的认识问题初探》）

提示 禹是鲧的儿子，又称大禹、夏禹、戎禹，在领导人民疏通江河、兴修沟渠、发展农业方面有不朽的功勋。传说他治理洪水十三年，三过家门不入，后被选为舜的继承人，舜死后即位，建立夏代。汤是商朝的开国君主，又称成汤、成唐、武汤、武王、天乙等。二人均被后世视为圣王，是贤明君主的典范。

【庄户地里不打粮，万般生意歇了行】

农民的地里如果不打粮食，一切行业都会停歇。指农业是各行各业的基础。{例}俗话说："一朝无食，父子无义；二朝无食，夫妻别离。"又说："一日无粮千军散，三日无粮父子难顾全。"所以说，"庄户地里不打粮，万般生意歇了行"，"没有乡下的泥腿子，饿死城里的油嘴子"。（李建永《母亲词典》）

【坐贾行商，不如开荒】

坐贾（gǔ）：有固定营业地点的商人。行（xíng）商：往来贩卖的流动商人。指无论哪种经商方法，都不如开垦荒地获利多。{例}政府便从牛、种、农具、衣、粮上资助垦荒农民，从赋税差役上优待垦荒农民，"官授之卷，俾为永业，三年后征租"，从产权上鼓励垦荒农民。王祯主张开荒，一再强调"坐贾行商，不如开荒"。（李倩《元代汉水流域农业和工商业发展初探》）

提示 此谚出自明·徐光启《农政全书》。谚云："坐贾行商，不如开荒。"言获利多也。

二、土　地

【百年田地转三家】

转：转换。三：表示多数。指旧时土地可以私下买卖，一百年之内会转换好几家主人。泛指物产是身外之物，谁都不会永远占有。{例}顾炎武在《日知录》中指出，在汉、唐还被称为“豪民”“兼并”者，到宋公然号称“田主”了。土地所有权频繁转移，原来的“百年田地转三家”的俗语发展成为“千年田换八百主”的新谚语。（刘正山《土地兼并的历史检视》）

提示　此谚出自清·钱泳《履园丛话》。俗语云：“百年田地转三家。”言百年之内，兴废无常，必有转售其田至于三家也。也说“百年土地转三家”“千年田，八百主”“千年田换八百主”。

【不种百顷地，难打万石粮】

顷：土地计量单位，一公顷等于一百亩。石（dàn）：古代计算容量单位，十斗等于一石。指没有大的付出，就很难有大的收益。{例}贵堂叹了口气说：“不种百顷地，难打万石粮。地里出一石的，能跳到两石上去？”（李满天《水向东流》）

【地肥禾似树，土薄草如毛】

指土地肥沃，庄稼就能长得像树一样粗壮；土地瘠薄，小草也只能长得像毛发一样细小。{例}李海砣瞅着满山的苍翠，挑动着眉梢说：“常言说，地肥禾似树，土薄草如毛。”（刘子威《在决战的日子里》）

【地和生百草，人和万事好】

土地祥和，就能生长百种草木；人际关系和谐了，一切事情都会向好的方面发展。指“人和”就像“地和”那样重要。{例}继英哇，你是后辈子，让着点就好了。

地和生百草,人和万事好哒!(刘汉勋等《在地层深处》)

【地没坏地,戏没坏戏】

人勤快,坏地也能变成好地;技艺高,普通戏也能演得精彩。指事情的成功,取决于人的主观努力。{例}李麦看着地头一堆堆粪堆说:"长松,这块地恐怕有十来年没有上过粪了,收罢麦你先上这一茬粪,秋天收罢秋你再狠狠上它一茬;要不了三年,就喂过来了。常言说,地没坏地,戏没坏戏。"(李凖《黄河东流去》)

提示 此谚也说"地没赖地,戏没赖戏"。

【地是刮金板,人勤地不懒】

指土地就像刮取金子的板子,只要人辛勤耕作,土地就能不断地提供财富。{例}地是刮金板,人勤地不懒。这句俗语不乏一定道理。但是,如何让人勤起来,还需要一个合理的生产经营方式,因此,在提倡科学种田的前提下,应当考虑怎样做好"人勤"这篇文章,让有限的土地得到最大的使用效率。(张铁林《地是刮金板,关键在流转》)

【地是捞饭盆】

指土地就像获取饭食的盆子,能保证人的生存。{例}庄稼人,地就是捞饭盆,有土不愁种,有苗不愁长。(西戎《在前进的路上》)

【读书种田,早起迟眠】

指种地和读书一样,都得起早睡晚地下功夫。{例}第二,种田辛苦。俗话说:"读书种田,早起迟眠。"又说:"书要苦读,田要细作。"(李建永《母亲词典》)

【工不枉使,地不亏人】

工夫不会白白地耗费,土地不会亏待老实人。指人只要实实在在地付出,就一定会有所收获。{例}彭云山:"这就叫工不枉使,地不亏人。今年的汗水流得也够多的。"(孙谦等《几度风雪几度春》)

提示 此谚也说"工不妄苦,地不瞒人"。

【贵买田地,子孙受用】

指购买田地虽然贵些,但能让子孙后代得到好处。{例}农民基本的愿望是拥有自己的土地。谚语说"有田就是仙""贵买田地,子孙受用""一人一亩土,到老不受苦""三亩穷,五亩富,十亩之田不用做"。(欧达伟《"人勤地不懒":华北农谚中的创业观》)

【家土换野土，一亩顶两亩】

家土：陈旧的炕土、锅土、墙土等，可作肥料。野土：田地里的土。指把家里的旧土作为肥料施到田地里，就能提高地力，增加产量。{例}常言说：家土换野土，一亩顶两亩。于是人们千方百计找粪源，送粪肥。（刘白羽《早晨的太阳》）

提示 此谚也说“家土换野土，一亩抵三亩”。

【驾船不离码头，种田不离田头】

码头：供船舶系靠的水上建筑物。如同驾船不能离开码头一样，种地不能脱离土地。泛指做什么事就得在什么事上下功夫。{例}她说：“俗话讲，驾船不离码头，种田不离田头。你们的男人，本来都是种阳春的人，要不是三癞子逼他们上山……你们的田土还会丢荒么？”（张行《武陵山下》）

提示 此谚也说“读书不离案头，种田不离田头”“种田弗离田头，读书弗离案头”等。

【近家无瘦田，遥田不富人】

瘦：贫瘠。指离家近的田地便于种植管理，不会贫瘠；离家远的田地不便种植管理，收成不好，不会使人富足。{例}民居去田近，则色色利便，易以集事。俚谚有之曰：“近家无瘦田，遥田不富人。”岂不信然。（南宋·陈旉《农书·居处之宜篇》）

提示 此谚也说“近家无瘦地，遥田不富人”。

【千金难买相连地】

指能和自家住房连成一片的土地很难得，出高价也不容易买到。{例}敬生之所以买下这两栋洋房，是他个人对港岛西南的特别偏爱。这两栋洋房，占地甚广，以每尺买入价而论，足足比市价便宜百分之三十。最难得的还是千金难买相连地。（梁凤仪《花魁劫》）

提示 此谚也说“有钱难买连头地”。

【顷不比亩善】

顷：土地面积，一百亩为一顷。一百亩贫地，不如一亩好地。指多而劣不如少而优。{例}谚曰：“顷不比亩善。”谓多恶不如少善也。（北魏·贾思勰《齐民要术》）

【人不哄地皮，地不哄肚皮】

哄：哄骗。指人种地只要不偷奸耍滑，肯把工夫下到，土地就不会少打粮食让人饿肚子。{例}好田好土不会自己长出谷子、麦子来，还得主家下苦力，流黑汗。人不哄地皮，地不哄肚皮。（古华《芙蓉镇》）

提示 此谚也说“人不欺地皮，地不欺肚皮”“人哄地皮，地哄肚皮”等。

【人不亏庄稼，庄稼不亏人】

指人只要肯下功夫管理好庄稼，庄稼就会让人有可喜的收获。{例}庄稼这行道儿，你是清楚的，全凭人侍奉，人不亏庄稼，庄稼不亏人。（李满天《水向东流》）

【人勤不如地近】

人勤快不如地块离家近。指离家近的田地能省去路上耗费的时间，便于种植管理。{例}人常说，人勤不如地近。可是地近也有不好处，鸡娃子猪儿免不了去地里祸害庄稼。（李束为《初升的太阳》）

【人勤春来早】

指人干活勤快，春天的景色就会提前到来。{例}农谚云：“人勤春来早。”春节一过，家家户户都忙着修整犁、耙、耖和缆索。（李德复等《湖北民俗志》）

【人勤地不懒】

指人只要辛勤耕作，土地就会长出好庄稼。{例}朱开山说：“有数的，人勤地不懒，这土地你不好好侍弄，它能给你长出好庄稼？就好比养孩子，你不管不顾，成天给他喂稀汤寡水，养大了也是歪瓜裂枣。”（高满堂等《闯关东》）

【人勤地生宝，人懒地生草】

人要是勤劳，土地就会生长宝物；人要是懒惰，土地就会生长野草。指土地的好与坏，取决于人的勤和懒。{例}“人勤地生宝，人懒地生草。”……主要从事农业生产的黑衣壮人，对如何种庄稼有自己的认识，其中不乏科学成分。（周华等《农谚闪烁科技光》）

提示 此谚也说“勤劳人，地长宝；懒惰人，地长草”。

【人勤地有恩，黄土变成金】

指人只要辛勤耕作，土地就会不断地提供宝贵财富。{例}他的心就像浸在温水里，觉得即使中了武举也不过如此吧！他越发相信从小就听惯了的那句古谚：“人勤地有恩，黄土变成金。”（蒋和森《风萧萧》）

【人勤满园香,人懒田地荒】

人勤劳,满园的果实都会飘香;人懒惰,所有的田地都会荒芜。指收获大小与付出多少成正比。{例}"人勤满园香,人懒田地荒。"……这些农谚,反映了黑衣壮人只有认真选种、严格管理,才能搞好生产的意识。(周华等《农谚闪烁科技光》)

【任叫人忙,不叫田荒】

任:宁可。指宁可让人忙碌受累,也不能叫田地荒废。{例}爹把泥锄硬塞在阿贵的手里,教训他道:"'任叫人忙,不叫田荒。'你晓得哦?床要铺好,田要锄好。床铺好,睡得舒服;田锄好,多打庄稼。"(周而复《上海的早晨》)

【三亩穷,五亩富,十亩之田不用做】

指拥有三亩地收成少,日子会穷;五亩地收成多,日子会富;十亩以上的地就不用自己亲自动手,搞好租赁管理即可。{例}有句老话说:"三亩穷,五亩富,十亩之田不用做。"他把上百亩地交给大哥领了一帮人去种,自己专门跑外联系种子、肥料、农药、加工销售等。(魏达《穿西装的农民》)

【使的憨钱,治的庄田】

使的憨钱:大把大把地花钱,不计较多少。庄田:泛指田地。指只有舍得花大价钱,才能购置下好田地。{例}那贲四连忙跪下说:"何爷说的是。自古使的憨钱,治的庄田,千年房舍换百主,一番拆洗一番新。"(《金瓶梅》)

【瘦田耕穷人】

瘦田:贫瘠的田地。指贫瘠的田地费工很多,收获却很少。{例}最重要的是第一条,蛇窝那些田确是难办,丢荒了乡委不同意;种下去,顶心顶肺,叫作"瘦田耕穷人"。(陈残云《香飘四季》)

【书要苦读,田要细作】

指读书要刻苦,种地耕作要精细。{例}第二,种田辛苦。俗话说:"读书种田,早起迟眠。"又说:"书要苦读,田要细作。"(李建永《母亲词典》)

【熟土加生土,饱得撑破肚】

熟土:人工耕作一年以上的土壤。生土:从未开垦耕种过的土壤。指熟土与生土掺和在一起,就能提高地力,会有可喜的收获。{例}为了提高谷子的单位面积产量,他和老农们仔细研究了熟土中掺多少生土,才能真正做到像俗话说的那样:“熟土加生土,饱得撑破肚。”(孙谦《投身到农村的伟大变革中去》)

提示 此谚也说“熟土加生土,好比病人吃猪肚”。据考古专家解释:生土就是自然形成的原生土壤,也叫死土、净土,它颜色均匀、结构细密,质地紧凑纯净。熟土就是经人类翻动过的土,也叫活土、花土,它颜色不匀、结构参差,质地疏松混杂。

【树要有根,人要有田】

指人要有土地,就像树要有根基一样重要。{例}中国传统社会基本上是农业社会,土地之于人,关系重大,正如俗话所说:“树要有根,人要有田。”(刘黎明《契约·神裁·打赌》)

【田是主人,人是客】

旧时田地不断变换主人,人就像土地的过客一样。指田地财产都是身外之物,不必过分看重。{例}谚云:“田是主人,人是客。”自天地开辟以来,此田此地,卖者买者,不知曾经几千百人,而后传至于我。今我得之,子孙纵贤而能守,能必其世世相承千百年而不失乎!(明·谈修《呵冻漫笔》)

【田头地角出黄金】

土地的边边角角,都能长出有价值的东西。指面积很小的土地也不能浪费。{例}“田头地角出黄金”,是鼓励人们充分利用空隙地种植各种作物的。(游修龄《论农谚》)

【田园日日去,亲戚淡淡走】

指耕田和园地应该天天去,走亲串友的事情不要太热心。{例}“田园日日去,亲戚淡淡走。”在竞争激烈的今天,生活节奏在加快,大家都在为自己的事业而抢时间、赶速度,哪有时间去走亲戚、陪客人?(葛椿《充分发掘利用福州熟语》)

【土地无偏心,专爱勤劳人】

指土地不会偏爱某一个人,谁勤劳耕作,谁就会有好收成。{例}常言道:“土地无偏心,专爱勤劳人。”两家连畔种地,一家的田禾绿油油,一家的田禾黄蜡蜡。这景况,即使是不懂种田这一行的人,都知道这是一家勤、一家懒的结果。(冯立业《庄稼汉》)

提示　此谚也说“土地不负勤劳人”。

【土结黄金子，地开白玉花】

子：同“籽”。土里能结出黄金般的籽粒，地上能开出白玉般的花朵。指土地能给人提供宝贵财富。{例}二奶奶常常念叨：“土结黄金子，地开白玉花。咱庄稼人就靠从土里挖宝哩！”（李诺《荷风送香》）

【戏在人唱，地在人种】

指土地的收获大小，在于人如何种植，如同戏曲的好坏在于演艺水平的高低一样。{例}老清兴奋起来，他说：“……戏在人唱，地在人种，掌柜家这三十多亩地，过去他一年最多收六大石麦子，我今年打了八石多。”（李凖《黄河东流去》）

【歇田当一熟】

歇田：停种或改种，使土地歇息。一熟：一次收割。让土地歇息一年，往后几年可连续增产。指歇田可以保养地力。{例}谚曰：“歇田当一熟。”言地务息，即古代田之义。若人稠地狭，万不得已，可种大麦或稞麦，仍以粪壅力补之，决不可种小麦。（明·徐光启《农政全书》

【行船不饶风，耕田不饶土】

不饶：不轻易放过。指耕种土地应该充分利用地力，如同驾船要充分利用风力一样。{例}“行船不饶风，耕田不饶土。”自注：“谚语也。”（清·徐荣《岭南劝农诗》）

【一方水土一方人】

水土：某一地域的自然条件和生活环境。指一个地方的自然资源养活一个地方的人。也指水土不同，人的生活习惯、爱好、情趣等都会不同。{例}他见我指名让他发言，笑着摸了摸胡子，说：“能种不能种，一方水土一方人！要看什么地土！”（西戎《丰产记》）|“你爹我天上不吃风筝，地上不吃板凳！”唐二古怪叫起来，“一方水土养一方人，我自幼是吃运河滩的野菜长大的，练就了一挂铜肠铁胃。”（刘绍棠《蛾眉》）

提示　此谚也说“一方水土养一方民”“一方水土养育一方人”。

【一方水土一方特色】

指每个地方的地理环境都有独特的色彩、风格等。{例}真是一方水土一方特色。就在师

宗、罗平两县的交界处，大地忽然换了容装，以截然不同的风格涌进了我的视野。（梁铭《金色之春》）

【一季种田，三季收稻】

指土壤肥沃，一年可收获三季稻子。泛指一次下足了功夫，可以有多次意想不到的收获。{例}土沃人稠，地宜稼穑，谚云："一季种田，三季收稻。"言收获广也。（明·马欢《瀛涯胜览》）

提示 此谚也说"一季种谷，三季收金"，如《三宝太监西洋记》，老爷道："土地肥瘠何如？"夜不收道："田土甚肥，倍于他壤。一季种谷，三季收金。这是说米谷丰盛，生出金子来。"

【一年收可敌三年水】

指河滩地一年的收成，抵得上三年水灾的损失。{例}江河流入洞庭湖也带来大量泥沙，泥沙淤积出的土地"倍加丰稔，即垸外荒滩有种皆收，俗称一年收可敌三年水。"（张贤亮《挽狂澜》）

【一人一亩土，到老不受苦】

指一人种植一亩土地，效益是很可观的，到老都不会遭受痛苦。{例}农民基本的愿望是拥有自己的土地。谚语说"有田就是仙""贵买田地，子孙受用""一人一亩土，到老不受苦""三亩穷，五亩富，十亩之田不用做"。（欧达伟《"人勤地不懒"：华北农谚中的创业观》）

【一水顶三旱，一平顶二坡】

指一亩水地能抵得上三亩旱地的收获，一亩平地能抵得上二亩坡地的收成。{例}"一水顶三旱，一平顶二坡。"农业要发展，水利是命脉。渭惠渠的现状是令人痛心的。（于雷《谁来救救历史名渠》）

【有儿不过继，有钱不典地】

过继：把自己的儿子送给没有儿子的兄弟、堂兄弟或亲戚顶门立户。典地：也叫典田，田主以一定的价格出让其田地一定期间的使用权和受益权。指有一点钱都不要典出土地，就像有儿子不要过继一样。{例}对于穷人来讲，节衣缩食是必需的，"信了肚，卖了屋""多赚不如少用"。但谚语讳忌讨借，如"冷在风上，穷在债上""放账不如种稞麦，借账不如多种谷""有儿不过继，有钱不典地"等。（欧达伟《"人勤地不懒"：华北农谚中的创业观》）

提示 典地是旧时的做法。

在一定的期限内，田主可依典价赎回田地。如果到期不赎，典主继续享有该田的使用权和收益权，并可向田主索取罚金，或补给少量价款，把田地买断。因此，典地是在无奈时的下下策，往往田主吃亏，兴许最终会失去土地。

【有懒人，无懒地】

指人懒肯定没有收成，但决不会因为地懒而没有收成。{例}“有懒人，无懒地”“人哄地皮，地哄肚皮”，说明人和地这一对矛盾，人是矛盾的主要方面。（张亮《漫谈农谚》）

【有田就是仙】

指有田地可种就是神仙的日子。{例}爷爷对土地有着很深的眷恋。他总说“有田就是仙”，只要到地里干起活来，什么闹心的事情都忘了。（郭希珉《一双长满老茧的手》）

【欲作千箱主，问取黄金母】

千箱：形容财物很多。黄金母：指土地。指要想拥有很多的财物，就得向土地索取。{例}汾晋村野间语曰：“欲作千箱主，问取黄金母。”指多稼厚畜，由耕耘所致。（宋·陶谷《清异录》）

【庄稼人是属鸡的，就得在土里刨食吃】

指农民具有鸡在土里刨食的特性，就得靠种地生存。{例}北京郊区农民有这样的说法：“庄稼人是属鸡的，就得在土里刨食吃。”他们认为，“挖泥巴富起来，才富得正当；动心眼，搞别的富起来，是不务正业”。（陈开国《农民的苦恼》）

三、水　利

【北人水旱，得命于天】

指北方水资源缺乏，过去农业收成全靠天时。{例}谚曰：“北人水旱，得命于天。”使运河之民，效南方水车以掣之，而又分区筑港，又通百里之远，则未必不为利也。（清·顾炎武《天下郡国利病书》）

【不怕天旱，只要地润】

不怕天气干旱，只要土地湿润。指水地能抗旱。{例}大伯说：“天有三分下，地就有七分潮，但靠天吃饭不行。”老人们早就讲过：“不怕天旱，只要地润。”（贾慧莹《夜访》）

【春天多蓄一滴水，秋天多收一粒粮】

指春天蓄水多少，同秋天收粮多少是对等的。{例}我在细雨中想起几句农谚：春雨如油夏雨金，管好秋水一冬春。春天多蓄一滴水，秋天多收一粒粮。这场雨下得好啊！（李海亮《插队的日子》）

【春蓄水，夏保苗，秋增产，冬饱食】

指春季蓄水，能够使夏季禾苗生长，秋季增加产量，冬季吃饱肚子，形成良性循环。{例}大伯出口就是一串话：春雨贵如油，许下不许流。春雨贵如油，滴水莫白流。春蓄水，夏保苗，秋增产，冬饱食……我赶紧打开小录音机，一一录下来。（贾慧莹《夜访》）

【春浊不如冬清】

春水混浊不如冬水清澈。指冬水虽寒冽但对土地有利。{例}寒泉虽冽，不能害也。平坡易野，平耕而深浸，即草不生，而水亦积肥矣。俚语有之曰：“春浊不如冬清，殆谓是也。”（南宋·陈旉

《农书·耕耨之宜篇》)

【冬天修水利,正是好时机】

指冬季地里活儿不多,正是兴修水利的大好时机。{例}冬天是深耕、修水利的大好季节,民谚:“冬耕耕得深,庄稼好扎根”,“冬耕多一寸,春天省堆粪”,“冬天修水利,正是好时机”。(王森泉等《黄土地民俗风情录》)

【肥田不如瘦水】

肥:施肥。瘦:少许。指对庄稼来说,浇水比施肥更重要。{例}恒产琐言:一遇干旱,则优劣立见,禾在水中,以水为命。谚云:“肥田不如瘦水。”(清·张培仁《妙香室丛话》)

提示 此谚也说“肥田不敌瘦水”“肥田不抵瘦水”“肥田不如壮水”“肥田不如久泡”“肥田不如浅灌水”等。

【粪长一丛,水长一田】

上粪能使一丛庄稼苗壮生长,浇水能使一田庄稼苗壮生长。指浇水比上粪受益面积大。{例}他的笔记本上记着许多关于“水”的谚语:粪长一丛,水长一田。有水遍地粮,无水遍地荒。积水如积金,蓄水如囤粮。(古滋兰《扶贫日记》)

【谷打苞,水满腰】

打苞:谷类植物孕穗。指谷子孕穗时期,水需要浇足。{例}俗话说:“谷打苞,水满腰。”姑姑看看浇得差不多了,这才顶着满天星星回到家里。(韩京生《难忘的夜晚》)

【谷浇老,麦浇小】

指谷子要在结穗时勤浇水,小麦要在出苗时勤浇水。{例}不同农作物需水不一样,需要灌溉的时间也不相同。谷子在结穗的时期需要水,麦子则在返青或出苗的时间需要水。这些规律在农谚里都有反映。如“麦浇苗,谷浇穗”“谷浇老,麦浇小”“谷浇根,麦浇叶”“谷打苞,水满腰”“谷子生得乖,无水不怀胎”等。(万惠恩《有趣的农谚》)

提示 明代徐光启的《农政全书》记载:“麦怕胎里旱,故苗时宜勤浇。谷苗耐旱,秀后则需勤浇,否则多秕糠。”例句中的“麦浇苗,谷浇穗”“谷浇根,麦浇叶”是“谷浇老,麦浇小”的不同说法,意思一样。

【荷锄候雨,不如决渚】

荷锄:扛起锄头。决渚(zhǔ):开渠引水。扛起锄头等候下雨，不如开渠引水灌溉庄稼。指消极等待，不如积极行动。{例}谚曰："荷锄候雨，不如决渚。"言时不可缓也。(汉·黄宪《天禄阁外史》)

【黄河百害,只富一套】

黄河:中国第二大河,源于青海巴颜喀拉山北麓约古宗列盆地,流经青海、四川、甘肃、宁夏、内蒙古、陕西、山西、河南、山东九个省、自治区,注入渤海。百害:指黄河在历史上经常决口泛滥。套:河套,指内蒙古和宁夏境内的黄河沿岸地区。指旧时黄河有许多害处,只能使河套地区富裕起来。{例}过去人们只知道"黄河百害,只富一套",现在却要用黄河的水来浇灌曲峪的土地!(孙谦《曲峪新歌》)

提示 类似的谚语还有"黄河九曲，唯富一套""黄河百害，唯富河套""黄河百害，独富一套""黄河九曲十八弯,富的是宁夏中卫川""天下黄河，唯富一套"等。

【积水如积金,囤水如囤粮】

囤(tún):储存。指聚积水源,如同聚积金银;储存水源,如同储存粮食。{例}岳池属典型的中亚热带季风气候区,春暖夏热多伏旱，年均降水量1000毫米左右,降雨分布不匀,西北较少,东南较多，历史上十年九旱,靠天下雨播种。常有"积水如积金,囤水如囤粮""奶足娃娃胖,水足谷满仓"的农谚。(川府《岳池县民风民俗之生产》)

提示 此谚也说"积水如积金,蓄水如囤粮"。

【金铃铃,银铃铃,不如一串水铃铃】

比喻丰富的水源,比任何金银财富都珍贵。{例}老百姓认为水是一条龙,水源是一串铃。他们说:"金铃铃,银铃铃,不如一串水铃铃。"这话流传了几辈人。(拓翠兰《朝晖》)

【紧水冲沙,慢水冲淤】

指水的流速快就会冲来沙子,流速慢就能冲来淤泥。{例}黄河水虽然年年改换河道,渐渐地,她们也摸出了它的规律:"紧水冲沙,慢水冲淤。"每年河道走慢水的地方,总会留下一片肥沃的淤泥土地。(李準《黄河东流去》)

【两沟会合点,打井最保险】

指两个山沟的会合地点往

往有水源，打井的保险系数比较大。{例}熊武学在上学时就爱好天文地理，翻阅记录了大量的水文地质资料，又多方收集了不少民间找地下水的谚语，像"山外洪积扇，扇中水不断""两沟会合点，打井最保险"……有200多条。（张克言《"看水先生"熊武学》）

【奶好娃娃胖，水好秧苗壮】

指水质好秧苗才会茁壮，这和母亲的奶水好娃娃才会长胖是一样的道理。{例}（全乡）2006年投资105万元，让长3.5千米的红旗渠竣工投入使用，实现了几代领导未完成的夙愿。"奶好娃娃胖，水好秧苗壮。"现在，在阿热勒乡，农民们在丰收之余喜欢说这样的话。（王吉《新疆且末县阿热勒乡修防渗渠，为农民致富添后劲》）

提示 此谚也说"娃要奶饱，苗要水足""奶足娃娃胖，水足禾苗壮""按时喂奶娃娃胖，合理用水禾苗壮"。

【农业要发展，水利是命脉】

命脉：生命和血脉。指农业要想得到全面发展，必须把搞好水利当作生命和血脉一样重视。{例}"一水顶三旱，一平顶二坡。"农业要发展，水利是命脉。渭惠渠的现状是令人痛心的。（于雷《谁来救救历史名渠》）

【秋水老子冬水娘，浇好春水好打粮】

老子：父亲。指秋季浇水就像父亲一样重要，冬季浇水就像母亲一样重要，而春季浇水也是决定丰收的重要因素。{例}他虽然腿不能走了，还提醒家里人说："秋水老子冬水娘，浇好春水好打粮。你们不管多忙，可千万不要误了浇地！"（傅扬《身残志坚老当家》）

提示 此谚还有"秋水老子冬水娘，春水适宜多打粮""秋水老子冬水娘，浇不上春水不打粮"等说法。

【人治水，水利人，人不治水水害人】

人如果治理水，水就能有利于人；人如果不治理水，水就能祸害人。指水的利与害，取决于人是否治理它。{例}大爷从水利局退休后，常对乡亲们说，"水利要兴，粮食要增""人治水，水利人，人不治水水害人"……真是三句话不离本行。（赵彤之《水底

见青山》)

【三湾当一闸】

湾:水流经过的拐弯处。三湾:三道水湾。三道水湾能抵得上一道闸门。指弯曲的地势对水流有缓冲作用。{例}左堤固冈脊,其下并旷土。十八里新闸,近闸三湾,舟人任篙不任纤。语云:“三湾当一闸。”又云:“三浅当一闸。”古人潴水,不欲概直概深也。(清·谈迁《北游录·后纪程》)

提示 书证中的“三浅当一闸”是主条的变体,同“三湾当一闸”是同义,“浅”即浅水湾。

【水稻水稻,无水无稻】

水稻之所以叫作“水稻”,就是因为没有水就没有稻子。指种稻子主要靠水。{例}水稻水稻,无水无稻。解放前,农民靠天吃饭,十年九旱,一年不旱,就是大水漫。解放后,党和政府领导农民大兴水利,变水害为水利。(百夫《稻田灌溉不用车·农村变化之九》)

【水稻水多是糖浆,小麦水多是砒霜】

砒霜:一种白色固体物,加热易升华,有剧毒。稻子浇水多了就像糖浆一样,小麦浇水多了就像砒霜一样。指小麦浇水要适宜。{例}水稻水多是糖浆,小麦水多是砒霜;秋水老子冬水娘,浇好春水好打粮等。这些经验常识被生动形象、幽默准确地写在语言中,是百姓通过实践得出的真理。(霏霏《汉语词语中的水情结解读》)

【水利水利,治水有利】

水利之所以叫作“水利”,就是指治理水能获得很大利益。{例}精耕细作,多打几箩。犁得深,耙得烂,一碗泥巴一碗饭。水利水利,治水有利……这些农谚反映了黑衣壮人改良土地、兴修水利、确保农业生产的意识。(周华等《农谚闪烁科技光》)

【水利通,民力松】

指水利工程搞好了,农村的劳动力就能解放出来。{例}经营水利之事,列之史传,代不乏人。故谚曰:“水利通,民力松。”斯言信矣。(明·徐光启《农政全书》)

【水利要兴,粮食要增】

指水利要大力兴修,这样粮食才会增产。{例}大爷从水利局退休后,常对乡亲们说,“水利要兴,粮食要增”“人治水,水利人,人不治水水害人”……真是三句

话不离本行。(赵彤之《水底见青山》)

【水是庄稼命】

指水利就像庄稼的命脉一样重要。{例}这里流行一句话:"水是庄稼命。"特别是在旱季,正如《龙江颂》里的一句台词所说:"一碗水也能救活几棵秧苗。"(赵永亮《旱垣巨变》)

提示 此谚常与"肥是庄稼粮"连用,作"水是庄稼命,肥是庄稼粮",也说"水是命,肥是劲""水是庄稼命, 惜水如惜金""水是庄稼命,没水禾难生"等。

【水是庄稼娘,无娘命不长】

比喻水利就像庄稼的母亲一样重要,没有水庄稼就难以生长。{例}"水是庄稼娘,无娘命不长。"要是筑起堰塘,禾苗不也与林家的一样喜人?(顾汶光等《天国恨》)

提示 此谚也说"水是庄稼娘, 无水命不长""水是庄稼娘,没水苗干黄""水是苗的娘,无娘命不长""水是田家娘,无水秧不长"等。

【水是庄稼血,肥是庄稼粮】

比喻水利就像庄稼的血脉,肥料就像庄稼的粮食。{例}加强水肥管理,是保证水稻高产稳产的关键。水是庄稼血,肥是庄稼粮,有收无收在于水,收多收少在于肥。(杨树英等《鹤庆县草海镇加强水肥管理,确保水稻高产稳产》)

【水无一点不为利】

指每一滴水都是有利的,关键在于合理利用。{例}晋水涧行类闽越,而悍浊怒号特甚,源至高故也,夏秋间为害不细。予尝欲聚诸乱石, 仿闽越间作滩,自源而下,审地高低,以为疏密,则晋水皆利也。闽谚云:"水无一点不为利。"(明·陆深《燕闲录·水利》)

【水行百丈过墙头】

指水的源头高, 冲击力就大,流过百丈远后,就会产生激上墙头的力量。{例}源来处高于田,则沟引之。沟引者,于上源开沟,引水平行,令自入于田。谚曰:"水行百丈过墙头。"源高之谓也。(明·徐光启《农政全书》)

【头水吊,二水叫,三水四水不离套】

头水:返青水。吊:缓慢。二水:拔节水。叫:快、急。三水:抽穗水。四水:灌浆水。不离套:时间相隔不远。指小麦返青时，浇水要缓慢；拔节时，浇水要急速；抽穗、灌浆时，浇水时间相隔不能太长。{例} 春灌小麦的谚语是："头水缓，二水赶。"也说"头水吊，二水叫，三水四水不离套""头水早，二水晚，三水赶，四水浅"。（韩国凯《农谚杂忆》）

提示 例句中的"头水缓，二水赶""头水早，二水晚，三水赶，四水浅"是主条的变体，意思一样，只是说法不同。

【万水都归田，一料顶一年】

一料：一茬。指水土只要不流失，一茬作物就能顶得上一年的收成。{例}老话说："万水都归田，一料顶一年。"捡石头，砌石坎，就能保持水土多增产。（余富国《层波万顷》）

【万水归了田，旱魔干瞪眼】

指水土只要不流失，就不怕旱情严重。{例}我记得他反复强调："保土必先保水，治土必先治山。"还说："万水归了田，旱魔干瞪眼。"这些话至今音犹在耳。（马敏《涓涓水始流》）

【夜冻昼消，浇灌正好】

昼：白天。夜里上冻的土地白天就消融，这个时候进行浇灌正合适。指冬浇小麦要趁土地没有全部上冻的时候进行。{例}"夜冻昼消，浇灌正好""不冻不消，冬浇还早；只冻不消，冬浇晚了；夜冻日消，冬浇正好"。冬浇小麦，有盘根、壮蘖、稳定地温、保墒防旱等作用，可以有效地减轻越冬死苗。（梁全智等《古今中外节日大全·立冬》）

【一滴水，一颗粮，水里就把粮食藏】

指供水的多和少，能决定粮食产量的高与低。{例}他在讲话中说起谚语来一套一套的，如"庄稼要好，水肥上饱""庄稼不用问，水肥打头阵""一滴水，一颗粮，水里就把粮食藏"等，给人的印象很深。（韩萍《湖中别有天》）

提示 此谚还有"一滴水，一颗粮，蓄水能使粮满仓""一滴水，一颗粮；一塘水，一仓粮""一滴水，一滴油；水满田，粮满楼""一桶水，一身汗，汗水一担粮一担"等说法。

【一粒谷，七担水】

一粒稻谷，需要七担水。指每一粒粮食都来之不易。{例}小倩，粮食是农民伯伯辛辛苦苦种出来的，你知道这些粮食要花掉他们多少艰辛的劳动啊。俗话说："一粒谷，七担水。"你怎么能一点儿也不珍惜这来之不易的粮食呢？（王岚《领袖张闻天和他的儿女们》）

提示 此谚也说"一粒米七斤四两水"。

【一苗喝一口，一亩增一斗】

一斗（dǒu）：旧时的容量，相当于十升。一棵禾苗能喝到一口水，一亩地就能增加一斗粮。指科学灌溉能保证增产。｛例｝老张的经验是：一苗喝一口，一亩增一斗。三跑成低田，三保成高田。"三跑"是说跑水、跑土、跑粪。（刘达昌《风物向秋潇洒》）

【一碗水，半碗泥】

指黄河水的特征之一就是泥沙量很大。｛例｝黄河是世界上含沙量、输沙量最大的河流，民间流传"一碗水，半碗泥"的说法，古书上有"一石水六斗泥"的记载。（寿天祥《十万个为什么·地理》）

提示 据科学测定，黄河年均输沙量16亿吨，居世界大河之首。其中90%的泥沙来自中游黄土高原，下游泥沙淤积，成为"悬河"，即"地上河"。我国从1955年起进行大规模综合治理和开发，在上中游除进行水土保持工作外，还兴建了三门峡、青铜峡、刘家峡、龙羊峡等水利工程。

【衣成人，水成田】

指有了水利才能种田，就像人穿上衣服才能构成完整的形象一样。｛例｝僧问："如何是佛法大意？"师曰："衣成人，水成田。"（宋·普济《五灯会元》）

提示 此谚也说"水成田，衣成人""无水不成田，无衣不成人"等，泛指做事离不开必要的条件。

【有收无收在于水，收多收少在于肥】

指庄稼有没有收成在于水利好坏，收成多和少则在于肥料是否充足。｛例｝加强水肥管理，是保证水稻高产稳产的关键。水是庄稼血，肥是庄稼粮，有收无收在于水，收多收少在于肥。（杨树英等《鹤庆县草海镇加强水肥管理，确保水稻高产稳产》）

【有水便生风，有风便有浪】

指水能生风、风能生浪，是连锁反应。｛例｝风搅得库水涌

动，浪花乱翻开来。船工说：“有水便生风，有风便有浪。过了这段深涧，会平静的。”（陈源斌《万家诉讼》）

【有水遍地粮，无水遍地荒】

指土地是产粮还是荒芜，取决于有没有水。｛例｝自从修起这座水库，三百多亩坡地得到了灌溉，庄稼长势一年比一年好，恰如人们所说：“有水遍地粮，无水遍地荒。”（刘永利《百日调研笔记》）

【有水苗儿壮，没水少打粮】

指有水禾苗才会茁壮生长，没水就会少打粮食。｛例｝他说：“这个道理很简单，有水苗儿壮，没水少打粮。眼下最要紧的是解决村民的浇地问题。”（巫淳花《春浇》）

【有水无肥一半收，有肥无水看着丢】

有了水没有肥料，还可以有一半收成；有肥料却没有水，就只能眼看着失去收成。指水比肥更重要。｛例｝教师介绍一些农谚，诸如“有收无收在于水，收多收少在于肥”“有水无肥一半收，有肥无水看着丢”“庄稼一枝花，全靠肥当家”等，说明矿质元素对植物体生长发育的重要性，激起学生学习这部分知识的兴趣。（徐宏伟《植物的矿质营养》）

提示　此谚又作“无肥有水一半收，有肥无水看着丢”“有水无肥一半丢，有肥无水望天愁”“有肥无水望天哭，有水无肥一半谷”“有水无肥收一半，有肥无水瞪眼丢”等。

【种地不浇水，庄稼就捣鬼】

捣鬼：捣乱，不配合。指种地如果不浇水，庄稼就不会有收获。｛例｝大伯说：“种地不浇水，庄稼就捣鬼。就像灯没有油就不会发亮一样，苗儿没有水怎么会生长！”（康吉楠《风定绿无波》）

四、肥　料

【不怕农家老板不困，就怕栏里无牛粪】

老板：此指农户的主人。困(kùn)：方言，睡。指农民即使勤快得不睡觉，没有粪肥也不会有收获。{例}农村有句老话：不怕农家老板不困，就怕栏里无牛粪。每个生产队都养了十几二十头耕牛，每到中秋前后，农民到山上垦很多草皮，堆积成几座小山似的，盖好，每天用这些草皮铺盖牛栏，栏里一层牛屎尿，一层干草皮，半月之后就是一栏好牛粪。（百夫《施肥不觉臭·农村变化之六》）

【成家手，粪是宝；败家手，财是草】

指一个人若是振兴家业的能手，就会把粪肥当作宝物；若是败坏家业的懒手，就会把财物当作茅草。{例}爷爷瞪着二叔："二小子，你别犟，一个粪堆一个样。老话没有说差的，'成家手，粪是宝；败家手，财是草'。"（田振佳《爷爷的古训》）

提示　此谚也说"成家子，粪如宝；败家子，钱如草"。

【大粪南瓜鸡粪椒，羊粪长出好棉花】

南瓜适宜用大粪，辣椒适宜用鸡粪，棉花适宜用羊粪。指不同的作物需要不同的肥料。{例}大粪南瓜鸡粪椒，羊粪长出好棉花。萝卜白菜葱，多用粪水攻。（吕志堂《看苗施肥》）

【大海不嫌水多，庄稼不嫌肥多】

指庄稼不会嫌肥料太多，就像大海不会嫌水多一样。{例}说起种地的经验，老人出口成章："不管高山低洼，只要地虚肥大。大海不嫌水多，庄稼不嫌肥多。做买卖比本钱，种庄稼比上粪。"

（尚元馨《取经》）

【稻子黄恹恹，主人欠它豆饼钱】

豆饼：大豆榨油后剩下的渣子，可用作肥料。指水稻发黄发蔫，是缺少肥料的缘故。{例}稻缺氮肥，叶片发黄，急需增施肥料，农谚用“稻子黄恹恹，主人欠它豆饼钱”来讽喻。（游修龄《论农谚》）

【地靠粪养，人靠饭长】

指土地靠粪肥滋养，就像人靠吃饭生长一样。{例}我还没进门，就听见母亲又在数落小妹：“地靠粪养，人靠饭长。你不吃饭挺不住，地里没有粪又怎么能长庄稼？”（薛礼江《母亲的唠叨》）

提示 此谚也说“人靠饭饱，地靠肥料”“人靠地来养，地靠粪来长”“地靠粪养，苗靠粪长”等。

【地里不上粪，吃饭要断顿】

指如果不给农田施肥，庄稼没收成，人就会没有饭吃。{例}今年产粮少，主要是因为没上足粪。唉！还是老人们说得对呀：“地里不上粪，吃饭要断顿。”（梁大兆《日暖桑麻》）

【地里多上粪，旱涝有撑劲】

指地里上足粪，庄稼就能耐旱抗涝。{例}乌劳模的口头禅是：“人吃香，地吃脏，多上肥料粮满仓。地里多上粪，旱涝有撑劲。”（吉军霞《走近乌劳模》）

【地是铁，粪是钢，粪堆就是粮食仓】

指给土地上粪，就像给铁器刃加上钢一样，庄稼就会长得茂盛；粪堆大，粮仓就会满。{例}有的谚语好像是大哥随口编的，比如：“地是铁，粪是钢，肥料不上庄稼荒。地是铁，粪是钢，粪堆就是粮食仓。地是铁，粪是钢，土松泥泡粮满仓。”大伙觉得好懂，有意思，就记住了。（熊时铭《大哥的顺口溜》）

【冬天比粪堆，来年比粮堆】

指冬天攒的粪多，来年收获的粮食才会多。{例}大寒节气，我国大部分地区继续进行农田基本建设，积肥送粪，防寒保温，加强薯、菜窖和越冬作物管理，总结经验，为来年生产做准备。所以，农谚有“冬天比粪堆，来年比粮堆”等说法。（梁全智等《古今中外节日大全·大寒》）

提示 此谚也说“今冬比粪堆，来年比麦堆”“今年多提粪筐，明年吃粮不慌”“今年粪满缸，明年谷满仓”“今年一车粪，明年一车粮”“今年长粪堆，来年长粮堆”“今年积下万担粪，明年粮食撑破囤”等。

【返青肥水很重要，大田少了是胡闹】

返青：小麦越冬后，由黄色转为绿色并恢复生长。大田：指大面积种植作物的田地。指小麦返青时应该重视施肥和浇水，大田尤其不能少。{例}“返青肥水很重要，大田少了是胡闹。”返青期的肥水对根系生长、幼穗分化、提高亩穗数等非常重要，是保证小麦高产量的关键。（王恒华等《与冬小麦种植有关的部分农谚》）

【肥多好种田，肥多是丰年】

指肥料多了，种田就具备了有利条件，容易取得丰收。{例}他有句口头禅：“肥多好种田，肥多是丰年。”他认为化肥的副作用很大，不如农家肥实在，应该在圈肥上多下功夫。（华栩鹂《老劳模的“种地经”》）

【肥料堆如山，不愁吃和穿】

指肥料充足，土地就会给人们提供衣食所需。{例}包老说，为了提高粮食产量，农业丰收，那就要充分培养土壤地力，大力增施有机质肥料，大力发展畜牧业生产。“肥料堆如山，不愁吃和穿。”（余赛华《谚语大王——包永祺》）

【粪比金子强，能生棉油粮】

指粪对于土地来说比金子都强，能生长出棉花、油料和粮食作物等。{例}俗话说得好：“粪比金子强，能生棉油粮。”只要粪多人勤，就强如去问他人。（龙翔《肥多地产多》）

【粪大怕天旱】

指上粪过多，如果天旱无水，会把庄稼烧死。{例}郭守成也发愁天旱。天旱打不下粮食，而且他的自留地又上了那许多粪，粪大怕天旱啊！（胡正《汾水长流》）

【粪大水勤，不用问人】

指庄稼多施肥、勤浇水，就一定会有收获。{例}别看天下了几点雨，早起来没有救星，快叫锄上二遍。一下里上二遍，一下里挂水车。人家说是“靠天吃饭”，咱说是“粪大水勤，不用问人”。（梁斌《播火记》）

【粪堆大，粮堆高】

指粪多土地肥，粮食产量

高。{例} 乐大爷望着成堆的肥料,自言自语:"这么多秸秆肥上到地里,明年收成错不了!"康丰年:"粪堆大,粮堆高嘛!"(孙谦《黄土坡的婆姨们》)

【粪田胜如买田】

粪田:往地里多施肥。指施足肥料收成就好,比另买田还合算。{例}明代继宋、元之后在施肥方面已具有较系统的经验和理解。首先,认识到肥料是决定作物产量的重要因素,从而概括出了"惜粪如惜金""粪田胜如买田"的农谚。(白寿彝等《中国通史》)

【好汉全凭志气强,好苗全凭肥土壮】

指好苗全凭土壤肥沃才能茁壮,就像好汉全凭长志气才能自强一样。{例} 他在黑板上写道:"人勤无粪土,种地枉费苦。好汉全凭志气强,好苗全凭肥土壮;要看庄稼瞎和好,先看粪堆大和小。"(柴咏《夜校的灯火》)

【会施施一丘,不会施施千丘,施千丘不如施一丘】

丘:田垄。指施肥要集中在田垄,不能满地乱撒。{例}强调秧田施肥的重要,说:"会施施一丘,不会施施千丘,施千丘不如施一丘。"遇到这种农谚,就不可照字面直解,要认识它是文字夸张的手法。(游修龄《论农谚》)

【家有陈柴必富,家有陈粪必穷】

陈:陈旧。家里陈旧的柴多一定会富裕,家里陈旧的粪多一定会贫穷。指柴搁置的时间长了干燥好烧,粪搁置的时间过长会失去效力。{例}栽秧前,要将所有的土杂肥、厩肥撒入稻田,作水稻底肥。农家有"家有陈柴必富,家有陈粪必穷"的谚语。(佚名《大悟人的农业习俗》)

【粮在肥中藏,有肥就出粮】

指粮食的根基在于肥料,有肥料才能长出粮食。{例}他喜笑颜开地说:"我的话没错吧——粮在肥中藏,有肥就出粮。地是万宝囊。"(任国铭《丰收》)

提示 此谚也说"粮在粪中藏,有粪就有粮"。

【麦喜胎里富,底肥是基础】

胎:胚胎。底肥:也叫基肥,在作物播种或移栽前施的肥。指小麦播种前就应该施足底肥,为它出苗奠定基础。{例}"麦喜胎里富,底肥是基础。"种冬小麦施足底肥很重要,尤其是低产田。

施足底肥便于小麦出苗后充分吸收营养，促进幼苗生长，打好丰收基础。（王恒华等《与冬小麦种植有关的部分农谚》）

【没有大粪臭，哪来五谷香】

五谷：泛指粮食。指要想收获粮食，就不能嫌弃大粪的臭味。{例}他一边淘粪一边咕哝："没有大粪臭，哪来五谷香？肥是农家宝，没宝庄稼长不好。"（江永刚《淘粪记》）

【莫看粪堆脏，粮食吃着香】

指要想吃到香甜的食物，就不能嫌弃大粪脏臭。{例}刘大爷不厌其烦地对儿孙们念叨："莫看粪堆脏，粮食吃着香。今年你给地吃饱，明年地就能让你吃饱。"（韩凯《刘大爷的家事》）

【娘无奶，娃面黄；田无肥，少打粮】

指田里没有肥料，就会少打粮食，就像妈妈没有奶水孩子就会脸色发黄一样。{例}老站长多次把庄稼比作娃娃，把肥料比作奶水，他说："奶多儿胖，肥多禾壮。小孩短奶不胖，庄稼离肥不长。婴儿要靠奶水养，庄稼要靠肥料长。娘无奶，娃面黄；田无肥，少打粮。"（景绍喜《植保站速描》）

【牛粪冷，马粪热】

牛粪是冷性的，马粪是热性的。指不同的粪具有不同的发酵能力。{例}"牛粪冷，马粪热"，在牛马粪中还分冷热，似乎没有道理，实际上由于牛、马的饮食不同，粪中微生物的活动也不同，发酵发热的能力是大有差别的。（游修龄《论农谚》）

【女人抓屎带大儿，男人抓屎种好禾】

指男人勤于施肥才能种好庄稼，就像女人收拾屎尿才能带大孩子一样。{例}农家何时施肥，经销商送肥上门，简单方便，干净卫生。过去，女人抓屎带大儿，男人抓屎种好禾；如今，农民施肥不闻臭，干净卫生夺丰收。（百夫《施肥不觉臭·农村变化之六》）

【七月蒿是金，八月蒿是银】

蒿（hāo）：草名，有青蒿、白蒿等数种。指农历七月的蒿草沤制肥料最好，八月的蒿草效果略差。{例}七月蒿是金，八月蒿是银。七八月份正是割草沤肥的好季节。各种野草生长茂盛，既多又嫩。这时气温也高，雨水还多，容易腐烂，沤肥质量高。（张亮

《山西农谚》)

提示 此谚还有“七月蒿，赛金糕”“七月草，农家宝，嫩又鲜，沤肥好”“七月沤肥草是金，八月沤肥草是银，九月草渐老，十月草不好”“七月草是金，八月草是银，九月草是患，十月沤不烂”等说法。

【千浇万浇，不及腊粪一浇】

腊粪：冬至到大寒时给小麦等越冬作物施的肥。指其他时间施肥再多，都不如腊粪的效力大。{例}“千浇万浇，不及腊粪一浇。”原是强调腊肥重要的意思，可是有的同志偏偏理解这句农谚只主张施一次腊肥就够了，显然是没有从农谚的特点出发，理解过死了。(游修龄《论农谚》)

【巧种庄稼不如拙上粪】

指种庄稼的任何技巧，都不如实实在在给土地上足粪肥。{例}“巧种庄稼不如拙上粪。”人粪尿、牲畜粪尿、糟土、沤肥、炕土等为本县农作物传统肥料，少数地区并有压青肥习惯。(向汾《巧种不如拙上粪》)

提示 此谚还有“勤耪不如懒施肥”“勤做不如懒上粪”“巧做不如拙上粪”“巧做不胜拙下粪”“巧种田不如傻上粪”等说法。

【人不吃油盐无力，地不上肥料无劲】

指土地不上肥料就没有劲头长庄稼，就像人不吃油盐就没有力气一样。{例}他比画着说：“人不吃油盐无力，地不上肥料无劲，为什么呢？油是精神盐是劲，粮食生产全靠粪。”(柴咏《夜校的灯火》)

【人给地上足肥，地让人笑破嘴】

指人给土地上足肥料，土地就能让人喜获丰收。{例}妈从打麦场回来，高兴得嘴都合不拢，说道：“人给地上足肥，地让人笑破嘴。咱家今年不缺口粮喽！”(南先枝《龙口夺食记》)

【人黄有病，苗黄缺肥】

指禾苗发黄是缺肥的症状，就像人脸色发黄是有病一样。{例}看苗子的长势是缺肥。谚语说：“人黄有病，苗黄缺肥。天黄有雨，苗黄没粪。”(李根柱《柴多火焰高，粪足田禾好》)

【人穷发愤，地穷上粪】

发愤：下决心，长志气。指土地贫瘠应该上粪，就像人贫穷应该发愤一样。{例}高深的技术咱不懂，但“人穷发愤，地穷上粪”

的道理还明白。人缺养分长不壮，地缺养分不打粮哇！（尤保国《涞水河畔》）

【人无力，桂圆荔枝；地无力，河泥草子】

桂圆：也叫龙眼，南方的一种甜味球形果实，外皮黄褐色，果肉白色，有滋补作用。荔枝：我国特产的一种球形果实，外壳有小瘤状突起，果肉白色，味甜多汁。河泥：江河、湖泊或池塘中的淤泥。草子：紫云英等绿肥作物。指土地要是不肥沃，就得多施河泥和绿肥，就像人没有力气，得多吃桂圆、荔枝一样。{例}农谚善用比喻，因而容易使人理解、接受。农谚中的比喻有两种，一种是明喻，一种是暗喻。以明喻较多，如“人无力，桂圆荔枝；地无力，河泥草子”。（游修龄《论农谚》）

【人要米谷养，庄稼靠肥长】

指庄稼靠肥料生长，就像人靠米谷补养一样。{例}人要米谷养，庄稼靠肥长。人哄地皮，地哄肚皮。这是简单不过的道理。小时候尚未完全懂事，父亲就把这些简单的道理强加于我，并为我准备了捡猪狗屎的畚箕和屎刮。（百夫《施肥不觉臭·农村变化之六》）

【上粪如上金，产量增三分】

指给庄稼上粪如同上金子一样重要，上足了粪肥，产量自会增加三成。{例}上粪如上金，产量增三分。这点道理还不晓得？就好比盖房没有土就难打墙，地里没有肥也难打粮。（田振佳《爷爷的古训》）

【水深养大鱼，粪肥出壮田】

指粪肥充足，地里的庄稼才能茁壮，就像水深才能养好大鱼一样。{例} 常言说：“水深养大鱼，粪肥出壮田。”好比你们商人看货堆，俺们农民主要是看粪堆。（王鹏《货栈一席话》）

【无肥不长穗】

指庄稼没有肥料就不会长穗结籽。{例}剩下来的六个字，有些也是马虎过得去的，比如种子，一三零二七，暹黑七，都是良种。过不去的是肥字和密字。伙泰老头插嘴道：“肥字也是挺要紧的，无粮不聚兵，无肥不长穗。”（陈残云《香飘四季》）

【无灰不种麦】

灰：灰粪，草木灰和牲畜粪混成的大田粪料。没有灰粪就不能种麦子。指灰粪在麦子种植中非常重要。{例} 许多古老的农谚,如《氾胜之书》和《齐民要术》中引用的那些“锄头三寸泽”“无灰不种麦”之类,经过了长时间的考验,今天仍不失其现实意义。(王毅《略论中国谚语》)

【惜粪如惜金】

指农家珍惜粪肥如同珍惜金子一样。{例}夫扫除之隈,腐朽之物,人视之而轻忽,田得之为膏润。惟务本者知之,所谓“惜粪如惜金”也。故能变恶为美,种少收多。(明·徐光启《农政全书》)

【秧苗起身,还要点心】

点心:比喻起身肥。指水稻在拔秧以前还需要施少量肥料,以利发根。{例}说明拔秧以前要略施起身肥,以利发根,但又不必太多,农谚就说:“秧苗起身,还要点心。”以“点心”来比喻起身肥的作用和分量,恰到好处。(游修龄《论农谚》)

【秧田撒尿素,稻谷满仓库】

尿素:一种氮肥。指撒施尿素能使稻子高产。{例}俗话说:“秧田撒尿素,稻谷满仓库。”这东西肥呐!(贺寿光《放水求水》)

【要得庄稼好,须在粪上找】

指上足粪肥是种好庄稼的主要因素之一。{例} 要得庄稼好,须在粪上找。像你这样深耕密植却不上粪,庄稼会越长越没劲。(董珉《技术员到田头》)

【一担河泥一担金,一担垃圾一担银】

河泥:江河、湖泊或池塘中的淤泥。指河泥与垃圾都是好肥料,对于农田来说,每担都像金银一样珍贵。{例}祝永康道:“你是一个种地人,难不成你不知道‘一担河泥一担金,一担垃圾一担银’这两句俗语吗?”(陈登科《风雷》)

【一季施肥三季壮,一年施肥三年长】

指一季施肥可以使三季庄稼长得壮,一年施肥可以使三年庄稼长得壮。{例}“一季施肥三季壮,一年施肥三年长”……说明养猪的利益不只在养猪本身,虽然饲养不赚钱,但其积肥功能却是公认的。(任泉《从养猪农谚谈养猪之道》)

提示 此谚也说“一料猪粪三料田”。

【有了肥料山，不愁米粮川】

米粮川：盛产粮食的平川地带。指肥料堆成山一样，就不用发愁粮食不能盛产。{例}老汉不顾儿子的反对，依旧每天沿路拾粪。他说："没有粪肥三大堆，做好庄稼是胡吹。有了肥料山，不愁米粮川。"（方贡利《犟大爷进城》）

【正月金，二月银】

指正月里上粪，比二月里上粪效力高。{例}农家十分重视积肥，老年人一年四季粪箢不离肩。每年冬天，要对麦苗、油菜普遍施一次水粪，再盖以厩肥，以防寒保温。开春，复泼夏粪，俗有"正月金，二月银"之说。（佚名《大悟人的农业习俗》）

【只要动动手，肥源到处有】

肥源：肥料的来源，如人畜的粪便、动物的骨头、绿肥作物、榨油后剩下的油渣，以及某些矿物质。指人只要勤于动手，到处都能找到肥料的来源。{例}为了积肥，大家趁早晚散步的时候到大路上拾粪，那里来往的牲口多，"只要动动手，肥源到处有"啊。（吴伯箫《菜园小记》）

【种地不上粪，等于瞎胡混】

指种庄稼必须施肥，否则就没有收获，不过是胡乱应付。{例}没有有机质，地会越种越贫瘠！你以为种白茬地，就能收下粮食？"种地不上粪，等于瞎胡混！"难道连这也忘了？！（孙谦《黄土坡的婆姨们》）

提示　此谚的变体较多，如"种地不上粪，常年空空囤""种地不上粪，枉把老天恨""种地不上粪，一年白费劲""种田不撒粪，等于瞎胡混"等。

【种田肥出头，一粪遮百丑】

指种地应该把施肥放在重要地位，这样就能弥补许多不足。{例}大哥故意把"一白遮三丑"改过来，说："种田肥出头，一粪遮百丑。凤凰不落无宝地，高产出在肥田里。"（熊时铭《大哥的顺口溜》）

【庄稼行里不用问，除了人力就是粪】

指种庄稼这个行业没有特殊的诀窍，除了付出劳力就是要多上粪。{例}比如"种地没师傅，总要水肥足""庄稼行里不用问，除了人力就是粪"，虽然都是大白话，却包含了丰富的生产经

验，是我们平时在课堂上学不到的。（时先礼《“结对子”的收获》）

【庄稼没有粪，到老赔了本】

指种庄稼如果不能多施粪肥，最终也只能自己吃亏。{例}他对年轻人说：“苗要好，粪要饱。肥满田，才能粮满仓。庄稼没有粪，到老赔了本，大意不得呀。”（安琪儿《空翠湿人衣》）

【庄稼要发旺，多把粪土上】

发旺：茂盛。指要使庄稼茂盛，关键在于把粪土上足。{例}他给围观的人详细讲解：“庄稼要发旺，多把粪土上。好比灯里无油灯不会亮一样，田间缺了肥，苗就不会长。”（杨喜禳《科技下乡速写》）

【庄稼一枝花，全凭粪当家】

一枝花：形容长势喜人。当家：为主。指要想庄稼长势喜人，就得把肥料放到主要地位。{例}人常说“庄稼一枝花，全凭粪当家”，历来他就有积肥的习惯，如今用不着整天忙忙乱乱开会了。闲着无事，又像过去一样，每天提上箩头到处拾粪。（马烽《玉龙村纪事》）

提示 此谚也说“庄稼一朵花，全靠粪当家”“庄稼一枝花，全靠肥当家”。

【做官凭印，种地靠粪】

指种地靠上粪，就像做官凭大印一样。{例}二大爷说话爱打比喻，他常说：“粪是奶，地是孩。做官凭印，种地靠粪。马无夜草不肥，地无粪土不壮。”（钟文立《拜师》）

五、播　种

【播前把种晒,播后出苗快】

指播种以前把种子晾晒一下,播种后苗儿就出土快。{例}选好种子后还要晒种子,"播前把种晒,播后出苗快"。然后是播种子,要求秧板做得平,做到"面平如镜照见人影,泥烂如膏带有泥浆。落谷稀播,匀而不密"。(余赛华《谚语大王——包永祺》)

【菜三菜三,三日露尖;水菜水菜,一冻便坏】

指蔬菜下种后生长很快,一般三天就能出苗;蔬菜的水分多,最怕受冻。{例}秋日谚云:"头伏萝卜末伏菜,尖头蔓菁大头芥","菜三菜三,三日露尖;水菜水菜,一冻便坏"。录之以见野老之体验。(清·李光庭《乡言解颐·人部》)

【赤脚种田,穿鞋过年】

光着脚种水田,穿着鞋过春节。指干活就要像个干活的样子,不能像过节似的打扮。{例}赤脚下田,这就是农民的本色。在农村,"赤脚种田,穿鞋过年"。这是几千年来的传统习俗,是对生产、生活的实际总结。(百夫《种田不赤脚·农村变化之七》)

【春种一粒粟,秋收万颗籽】

粟(sù):谷子,泛指粮食。春天播种一粒种子,秋天就能收获千万颗粮食。{例}周大钟放下筲桶,说:"啊!我们老农民们就是喜欢春天,不光是去冷回阳,种庄稼是一件大事。常说的春种一粒粟,秋收万颗籽呀!"(梁斌《翻身记事》)

提示　此谚出自唐代李绅《古风二首》一:"春种一粒粟,秋成万颗籽。四海无闲田,农夫犹饿死。"常比喻只要有了付出,就一定会有结果。也说"春天一粒籽，秋收万颗粮”。

【稻禾当年收，种子隔年留】

隔年：隔了一年。稻子是当年必须收割，但种子在上一年就得选留。指选种要提前准备。{例}“稻禾当年收，种子隔年留。”这是农村农民几千年的经典做法。老古话：“娶亲看娘，栽禾看秧；多收稻粮，必要种良。”（百夫《良种不自留·农村变化之三》）

【豆三麦六，菜籽一宿】

一宿（xiǔ）：量词，用以计算夜。指播种后出芽的时间：豆子是三天，麦子要六天，菜籽只需要一晚上。{例}通过种菜，我还学会了许多谚语和常识，诸如“豆三麦六，菜籽一宿”，是说豆种点下去三天出芽，麦子要六天，而菜籽只是一夜的工夫。（纪云梅《菜园小记》）

【二月种姜，八月偷“娘”】

娘：此指娘姜，也叫母姜、种姜。指二月种下姜块，八月要把母姜切掉，这样既起到松土作用，又能保证姜苗充分吸收养分。{例}俗话说：“二月种姜，八月偷‘娘’。”姜分“子姜（嫩姜）、娘姜（母姜）、老姜”三种。偷“娘”就是在姜苗长出四到五片叶时，用刀片或竹签在子姜与母姜连接处切取“娘姜”。（李可心《说“姜”》）

提示 此谚还有多种说法，如“谷雨种姜，夏至扒‘娘’”“立夏栽姜，夏至取‘娘’”“夏至取娘姜，立冬收老姜”“夏至取娘姜，‘娘’离子不伤”等。

【放账不如种裸麦，借账不如多种谷】

放账：放债，借钱给人收取利息。裸麦：即青稞麦，又称元麦或稞麦。谷：五谷。指借钱给人或向人借钱，都不如自己种庄稼。{例}对于穷人来讲，节衣缩食是必需的，“多赚不如少用”。但谚语讳忌讨借，如“冷在风上，穷在债上”“放账不如种裸麦，借账不如多种谷”“有儿不过继，有钱不典地”等。（欧达伟《“人勤地不懒”：华北农谚中的创业观》）

【肥籽粮多，瘦籽糠多】

指种子肥壮产粮就多，种子瘦瘪出糠就多。{例}刘锁子：（往外边走）常言说得好，肥籽粮多，瘦籽糠多。种白马牙种得好好的，亩产四五百斤，唉，又出来个双交种。（西戎《青春的光彩》）

【干也种来湿也种，雷雨像刀也要种】

指芒种期间无论土壤或天气如何，必须抓紧播种，不能再迟延。{例}种庄稼，时间就是产量，因此，各地农民在芒种期间总是争分夺秒地抢种。俗话说"芒种芒种，点头插秧""干也种来湿也种，雷雨像刀也要种"。抢种，就是抢作物的生长期。(邹南《麦收季节——芒种》)

【隔重山，多一担；隔条河，多一箩】

种子相隔一重山，就能多产一担；相隔一条河，就能多产一箩。指引进外地品种，利于增产。{例}又如"隔重山，多一担；隔条河，多一箩"，这是指异地换种可以增产，换种的距离、原则很难具体说明，农谚就用"一座山""一条河"来代表。(游修龄《论农谚》)

【谷要稀，麦要稠，玉米地里要卧下牛】

指谷苗之间的距离要远些，麦苗之间的距离要近些，玉米苗之间的距离要更远些。{例}村里互助组推行新耕作法，挑了几块谷地和玉米地实验密植，给每亩留的苗苗都比过去多一倍。这件事王老庆并没有反对，但他说："自古就是谷要稀，麦要稠，玉米地里要卧下牛！密植？我不敢说不信，看看再说吧！"(康濯《一同前进》)

提示　此谚也说"谷子地里卧只鸡，不嫌谷子稀；高粱地里卧头牛，还嫌高粱稠""玉茭地里卧下牛，还嫌玉茭稠；谷子地里卧小鸡，不嫌谷子稀"等。

【谷要自种，儿要自养】

谷：五谷，泛指粮食。指五谷要自己种植才会丰产，就像儿女要自己养育才亲一样。泛指自己应当承担的义务一定要自己承担。{例}在土地条件、生产工具完全没有改变的地方，包产到户确有其优越性。俗话说"谷要自种，儿要自养"嘛。(孙谦《反躬自问》)

提示　此谚早在元代就有，表义侧重于"儿要自养"。如元·杨文奎《儿女团圆》一折，休听别人言语，听我两句话："咱儿要自养，谷要自种。"也说"儿要亲生，谷要自种""要儿自养，要谷自种"等。

【孩子活不活要养，庄禾收不收要种】

指庄稼能不能收获都要播种，就像孩子活不活都得让他出生一样。{例}王老汉把他的老经验搬出了，他说："孩子活不活要养，庄禾收不收要种。我们干种它！"(李束为《春秋图》)

【好种育好苗，秧好一半禾】

指好种子才能培育出壮苗，秧苗长得好就能保证一半收成。{例}老古话：……好种育好苗，秧好一半禾；宁可饿死人，也把种子存。可见农村选种留种的重要性和必要性。(百夫《良种不自留·农村变化之三》)

提示　此谚也说"种好禾苗壮，禾好一半粮""好秧一半收"等。

【换茬如上粪】

换茬：一种农作物收获后，换种另一种农作物。指轮换种植农作物如同给庄稼上粪一样，能够增加产量。{例}换茬如上粪。种地没巧，三年一倒。轮作换茬就是在同一块土地上，把种植的各种作物，在一定的时期内有计划地轮流种植，调换茬口，按照一定顺序分年配置在土地上，使每一种作物都能有最适宜的栽培环境，从而保证每种作物高产或稳收。(张书超《农谚浅释》)

【会插不会插，看你两只脚】

指插秧技术的高低，在于脚步的挪移是否正确。{例}如果我们把作物生产的全部过程分成几个环节，几乎每个环节都有一定的农谚。例如水稻从播种起，选用良种有"种好稻好，娘好囡好"等；培育壮秧有"秧好半年稻"等；插秧技术有"会插不会插，看你两只脚""早稻水上漂，晚稻插齐腰"等。(游修龄《论农谚》)

【紧摇耧，慢摇耧，转弯抹角快三耧】

耧：可同时完成开沟和下种的条播机。指耧摇得速度快，播的籽就稠；耧摇得速度慢，播的籽就稀；转弯拐角的时候，摇耧更得加快些多播点籽。{例}耧斗分为两格，大格盛籽，小格匀籽，中隔拔子活门，称为籽眼。小格中还有耧疙瘩，摇耧时，疙瘩晃动，打匀种子，紧稠慢稀，有"紧摇耧，慢摇耧，转弯抹角快三耧"的种麦谚语。(王森泉等《黄土地民俗风情录》)

【科技是个宝,种田离不了】

指科学技术是非常宝贵的,种地的人谁也离不了。{例}赖地能打下这么多粮,俺山里人过去连做梦都不敢想,可如今,靠科学把梦想变成了现实,难怪群众编出了不少顺口溜,什么“科学种田,粮食冒尖”“科技是个宝,种田离不了”等,多得很哩!(吴兴文《“冷寿阳”变粮仓》)

【麦黄种豆,豆黄种麦】

指小麦成熟的季节正是种豆的时候,豆子成熟的季节正是种小麦的时候。{例}“麦黄种豆,豆黄种麦”,节气可不等人。眼看着豆子已经该割了,各队的水稻田也要赶快犁出来,误了一个秋季子了,要是再误一个麦季子,全大队的人到不了明年秋里,就都得扎着脖子。(节延华《河湾》)

提示 此谚还有个说法是“麦不离豆,豆不离麦”,也是指麦一收毕,就要种豆;豆一收毕,就要种麦,二者收获与播种的时期连得很紧。

【麦芽儿发,耩棉花】

耩(jiǎng):用耧车播种。指小麦返青时,正是播种棉花的季节。{例}严志和说:“咱这里比过去耩得早了,我记得咱小的时候,麦芽儿发,耩棉花。谷雨前后,才种高粱谷子。这早晚人们觉得还是耩早点好,都把高粱谷子提前耩了。”(梁斌《红旗谱》)

【麦要好,茬要倒】

倒茬:即换茬,一种农作物收获后,换种另一种农作物。指要想麦子长得好,就得合理调换茬口。{例}麦要好,茬要倒。轮作换茬就是在同一块土地上,把种植的各种作物,在一定的时期内有计划地轮流种植,调换茬口,按照一定顺序分年配置在土地上,使每一种作物都能有最适宜的栽培环境,从而保证每种作物高产或稳收。(张书超《农谚浅释》)

【麦在种,秋在管,棉花加工不停点】

指麦子丰收的关键在于播种,秋作物丰收的关键在于管理,棉花丰收的关键在于不停歇地整枝等。{例}“麦在种,秋在管,棉花加工不停点。”说明小麦下种是非常关键的。种麦前须撒粪、浅耕,将化肥施入犁沟,耱平,然后下种。(王森泉等《黄土地民俗风情录》)

【麦种泥窝窝，来年吃馍馍】

泥窝窝:形容泥土湿润。指播种小麦时泥土湿润为好，这样来年夏季才能获得丰收。{例}山西方言里的馍，一般指的是用发酵的面粉蒸熟的、没有馅儿的馒头。下面的一些俗语,形象地表明了馍在晋南人生活中的重要性。……麦种泥窝窝,来年吃馍馍。(吴建生《漫话山西方言文化》)

【麦子胎里富,种子六成收】

胎:胚胎。指麦子丰收首先在于种子好,种子好就能保证六成的收获。{例}俗话说:“麦子胎里富,种子六成收。”精选良种是小麦增产的关键。(李準《参观》)

【母壮儿肥,种好苗壮】

指种子好禾苗才能苗壮,就像母亲健壮孩子才会肥胖一样。{例}小明说:“种庄稼都要种子,人们为什么总要挑粒大饱满的来做种子呢?”妈妈说:“常言说得好,‘母壮儿肥，种好苗壮’呀!”(蒋道富《十万个为什么·植物》)

【宁叫饿死老娘,不要吃了种粮】

种粮:谷类的种子。指种子关系到全家人一年的口粮,在任何情况下都不能乱用。{例}如“宁叫饿死老娘，不要吃了种粮。”其他异文“老娘”处或为父母,或为子孙等。担忧的根本原因是农民靠天吃饭。在他们的头脑中,天养民以食,民以食为天,这种观念是根深蒂固的。(欧达伟《“人勤地不懒”:华北农谚中的创业观》)

提示 此谚也说“宁可饿死人,也把种子存”。

【娶亲看娘，栽禾看秧；多收稻粮,必要种良】

娶媳妇要看她母亲的素质,栽稻子要看秧苗的品种;要想多收稻粮,必须要求种子优良。指选好种子才能丰产。{例} 老古话:“娶亲看娘,栽禾看秧;多收稻粮,必要种良。”好种育好苗,秧好一半禾;宁可饿死人,也把种子存。可见农村选种留种的重要性和必要性。(百夫《良种不自留·农村变化之三》)

【人怕屙血,地怕种麦】

屙(ē)血:便血。指连茬种麦会损耗地力,就像人长期便血会损害健康一样。{例}经过比较,这几垄地纯属缺农家粪。因为这几垄地去年是种的麦子。俗话说:“人怕屙血,地怕种麦。”哪怕

是再肥的地，如果连续几年种麦子，当年施肥跟不上，也会变瘦。（曾辉《八月雪》）

提示 此谚也说“人怕屙血，地怕点麦”。

【深谷子，浅糜子，胡麻种在浮皮子】

浮皮子：土地表层。指种谷子入土要深，种糜子入土要浅，种胡麻则撒在土地表层就行。｛例｝马老说自己主管农业工作的时候，十分注重收集积累农家谚语、俗语，在田间地头调研考察的时候，“犁地不犁畔，三亩种上二亩半”“深谷子，浅糜子，胡麻种在浮皮子”，几句“行话”一出口，农民就立马把他当成了种田的行家里手，也更愿意给他说心里话。（丁梅《马思忠夫妇》）

【生菜不离园】

生菜：莴苣类蔬菜。指生菜易于生长，可以在菜园里常年种植。｛例｝生菜，一名白苣，一名石苣，似莴苣而叶色白，断之有白汁。正二月下种，四月开黄花如苣荚，结子亦同，八月十月可再种，以粪水频浇则肥大。谚云：“生菜不离园。”（明·王象晋《群芳谱·蔬谱》）

【十成稻子九成秧】

指稻子收成多少，多半要看秧苗插得好坏。｛例｝“十成稻子九成秧！就是当紧。”庄稼人互相看着，议论着，对韩同志说的新式秧田，有了兴趣。（柳青《创业史》）

【疏秧大肉，疏禾大谷】

疏：稀疏。大肉、大谷：形容长势喜人。指在一些特定地区，把秧苗的间距定得稀疏些，稻谷就会丰产。｛例｝他十分自信地说：“阿坚，你再不要强迫人家插小棵密植。古语说过，‘疏秧大肉，疏禾大谷’。你们为什么拿头往墙上撞！”（欧阳山《前途似锦》）

【田边地角种一窝，养活一个老婆婆】

指面积不大的土地，只要充分利用也会有所收益。｛例｝农民素有惜土如金、充分利用地力的优良传统，犁田后，都注重挖田边地角，因而俗谚说：“男儿田边，女儿鞋边”，“种田不上边，是个懒身汉”，“田边地角种一窝，养活一个老婆婆”。（李德复等《湖北民俗志》）

【歪嘴葫芦拐把瓢，品种不好莫怪苗】

葫芦如果是歪嘴，锯开的瓢必然是弯把；品种没有选好，不要责怪苗儿长得弱。指选好优种是夺取丰收的重要因素。{例}当务之急是要抓千把斤棉花良种才是上策。老话说："歪嘴葫芦拐把瓢，品种不好莫怪苗。"要想夺取棉花丰收，品种好是增产的一个重要因素。（曾辉《八月雪》）

【夏种晚一天，秋收晚十天】

夏季播种晚一天，秋季收获就会晚十天。指夏种一定要抢时间，连一天都不可耽误。{例}农历五月，正值三夏季节，乡村家家户户都得争分夺秒地抢收抢种，老的、小的都去地里拾麦穗，或是在家帮忙做饭，忙得没有一个闲人。老农们常说："夏种晚一天，秋收晚十天。"（张学伟《乡下闺女瞧麦罢》）

【要吃面，泥里缠】

泥里缠：趁泥土湿润时播种。指种麦时泥土湿润才能获得丰收。{例}种麦，宜肥地土，欲细沟，欲深种，欲匀，喜粪有雨佳。谚云："无雨莫种麦。"又云："麦怕胎里旱。"又云："要吃面，泥里缠。"（明·王象晋《群芳谱·谷谱》）

【要发家，多安瓜】

要想发展家业，应该多种瓜类。指种瓜能卖钱，使家庭富裕。{例}要富也不难。俗话说："要发家，多安瓜。"南柳明年要多种瓜。（李束为《南柳春光》）

【要发家，种棉花】

要想发展家业，应该多种棉花。指种棉花比种粮食经济效益好。{例}今后你有了牛，就可以精耕细作，种一些经济作物。"要发家，种棉花"嘛！只要好好干，一季就可翻身。（徐慎《枫岭晨曲》）

【一粒良种，千粒好粮】

播下一粒优良种子，就能收获上千粒好粮食。指选好优种，是保证高产的主要措施之一。{例}俗话说："一粒良种，千粒好粮"，"有了良种，田里有田，土里有土"啊！韩家寨要有了良种啊，准能夺高产！（叶章《我们这一代年轻人》）

提示　此谚也说"一粒好种，千粒好粮""一粒优种，千粒好粮"。

【一亩园，十亩田】

指一亩菜园的投入和收获，

都抵得上十亩大田。{例}王兴老汉说:“一共二十亩还有二亩种的是谷子。园地不费地盘,就是误的人工多。常说‘一亩园,十亩田’哩!”(赵树理《三里湾》)|几百年来,当地农民就有种菜的习惯。俗话说“一亩园,十亩田”,菜农的收入要比种大田的农民收入高得多。(李準《黄河东流去》)

提示 这条谚语多见于地方志,如民国二十年(1931年)《卢龙县志》二四卷记载:“一亩园,十亩田,言种园一亩,须费十亩之人工、肥料,方能获十亩之利益也。”也说“一亩园顶十亩田”。

【一年庄稼,两年性命】

指种一年的庄稼,不仅决定当年的收成,还要给来年选留种子,关系到明年的收成。{例}村民赵树海忧心忡忡地说:“一年庄稼,两年性命。现在人家把新种子都买好了,可我们的旧种子还在家里放着。春耕了,又得买化肥,又得买种子,我们不知该怎么办!”(王欲鸣等《一定要防范假劣农资坑农》)

【一籽入土,万粒归仓】

只要有一粒种子播入土,收获时就会有千万粒粮食归仓库。指种庄稼是一本万利的事。{例}常绿叶:“种地也有种地的乐趣,一籽入土,万粒归仓,其乐无穷。咱长话短说吧,我碰到了个门槛过不去,你暂借给我两千,秋后还清,我出利钱。”(孙谦《黄土坡的婆姨们》)

提示 此谚也说“一籽下地,万粒归仓”,同“春种一粒粟,秋成万颗子”意思接近,只是没有点明季节,着重强调“入土”和“归仓”。

【有了良种,田里有田,土里有土】

指有了优良种子,就能形成良性循环,使产量不断增长。{例}俗话说:“一粒良种,千粒好粮”,“有了良种,田里有田,土里有土”啊!韩家寨要有了良种啊,准能夺高产!(叶章《我们这一代年轻人》)

【在田姜多腴,在山姜多辣】

腴(yú):肥美。指种在田里的姜多肥美,种在山上的姜多辛辣。{例}姜有山姜与田姜之分,这是由地理条件决定的。谚语说:“在田姜多腴,在山姜多辣。”田姜在夏天上市时,肥大如指掌,尖端部分还带有胭脂色的嫩

芽。(解珉《田姜》)

【早稻水上漂,晚稻插齐腰】

早稻:稻子的一个品种,有插秧期早、生长期短、成熟早的特点。晚稻:插秧期较晚或成熟期较晚的稻子。指早稻插秧宜浅,好像在水上漂着;晚稻插秧宜深,要有一半入水。{例}如果我们把作物生产的全部过程分成几个环节,几乎每个环节都有一定的农谚。例如水稻从播种起,选用良种有"种好稻好,娘好囡好"等;培育壮秧有"秧好半年稻"等;插秧技术有"会插不会插,看你两只脚""早稻水上漂,晚稻插齐腰"等。(游修龄《论农谚》)

【种子年年选,秋收不会减】

指种子只要坚持年年筛选,秋收时就不会减产。{例}"种子年年选,秋收不会减。"这些农谚,反映了黑衣壮人只有认真选种、严格管理,才能搞好生产的意识。(周华等《农谚闪烁科技光》)

【种地无他巧,三年两头掉;三年两头掉,地肥人吃饱】

掉:调换,一种农作物收获后,换种另一种农作物。指种地没有特殊技巧,主要是每隔一两年就得换种另一种农作物,这样才能休养地力,增加产量。{例}用"种地无他巧,三年两头掉;三年两头掉,地肥人吃饱"的谚语说明事物是运动变化的……通过这些幽默的谚语,使抽象的理论趣味化,学生听得津津有味,在活跃的气氛中,理解和掌握新知识。(李玉春《给理论穿上美丽的衣裳——浅谈运用"诗歌、谚语、成语"寓教于乐》)

提示 此谚也简作"种地没巧,三年一倒",倒,即倒茬。

【种地在人,长苗在地,收成在天】

土地种什么,取决于人;苗儿长不长,取决于地;收成多和少,取决于气象。指种庄稼受多方面因素的制约。{例}贵堂说:"人们望的也是别出岔儿。种地在人,长苗在地,收成在天。这地不给长,老天爷不给收成,光人折腾,也难说呀!"(李满天《水向东流》)

提示 此谚也说"种在人,收在天""种不种在人,收不收在天"。

【种瓜得瓜,种豆得豆】

种下瓜籽,就能长出瓜来;

种下豆籽，就能长出豆来。指万物都是按照一定的遗传规律繁衍后代，种下什么，就会得到什么。{例}邬桥的炊烟是这柴米生涯的明证，它们在同一时刻升起，饭香和干菜香，还有米酒香便弥漫开来。这是种瓜得瓜、种豆得豆的良辰美景，是人生中的大善之景。(王安忆《长恨歌》)

提示 此谚出自《吕语集萃·存养》:“种豆，其苗必豆;种瓜，其苗必瓜。”在古代小说中还有“种瓜还得瓜，种豆还得豆”“种瓜须得瓜，种豆还得豆”“种瓜得瓜，种粟得粟”“种豆出豆，种瓜出瓜”“种花得花，种果得果”“种麻得麻，种豆得豆”等说法，是佛教强调因果报应的常语，多比喻人有什么行为，就会有什么结果。

【种绿豆，地不宜肥而宜瘦】

瘦:地力薄。指种绿豆不宜施肥过多，地力薄点反而能高产。{例}谚云:“种绿豆，地不宜肥而宜瘦。”(明·徐光启《农政全书》)

提示 此谚在明代王象晋《群芳谱·谷谱》中说“种绿豆，地宜瘦”“懒汉种荞麦，懒妇种绿豆”“种绿豆，地宜瘦”。

【种田不赤脚，收成你莫想】

种水田却不光着脚，就不要想有收成。指不吃苦就不可能有收获。{例}种田不赤脚，收成你莫想。我国南方农村，都是以种植水稻为主，农民整年整天地劳动，都是在水田里与水打交道。(百夫《种田不赤脚·农村变化之七》)

【种田不上边，是个懒身汉】

上边:整理田地的边沿。种地却不整理地的边沿，一定是个懒惰的人。指种田应该精细，把地头边角都整好。{例}农民素有惜土如金，充分利用地力的优良传统，犁田后，都注重挖田边地角，因而俗谚说:“男儿田边，女儿鞋边”，“种田不上边，是个懒身汉”，“田边地角种一窝，养活一个老婆婆”。(李德复等《湖北民俗志》)

【种田有良种，好比田土多几垄】

垄(lǒng):成行种植农作物的土埂。指种田选好良种，就像增加了几垄地一样，可以增加产量。{例}这么好的事儿，我爹、德光大伯当然赞成啰，庄稼人哪个不晓得“种田有良种，好比田土

多几垄”这句农谚啊！（叶章《我们这一代年轻人》）

【种庄稼，看行家】

行家：精通某种业务的人。指种庄稼不能盲目干，得跟着种田能手好好学。{例}嘿嘿！今年大兄弟的园子种啥呀？是栽烟？是栽蒜？俗话讲：“种庄稼，看行家。”我瞅着你呢！（刘亚舟《男婚女嫁》）

【种庄稼不是吹糖人】

吹糖人：民间艺人吹糖稀做成人形，供给儿童食用或玩赏。指种庄稼不容易，不像吹糖人那样制作简单。{例}“翻一番？”彭成贵不由得大吃一惊，“好我的郎书记哩！种庄稼不是吹糖人……”（马烽《彭成贵老汉》）

【庄稼一枝花，科学是当家】

一枝花：形容长势喜人。指要想庄稼长得好，就得把科学技术放到重要位置。{例}随着科学技术在农村的推广应用，“庄稼一枝花，科学是当家”“要想富，学技术”“家有新瓦房，不如进学堂”等新谚语广为流传，农民的观念发生了很大变化，进大中专院校学习成为他们的追求。（陨砦《农村大众》）

六、田　管

【不怕下雨晚,就怕锄头赶】

指抓紧锄地能使土壤疏松,缓解旱情,下雨晚点也不怕。{例}别看二牛蔫蔫地不多说话,有时蹦出一两句来,还真能说到点子上。夏季干旱时,他就说:"不怕下雨晚,就怕锄头赶。"(林塔《二牛竞选》)

【杈头有火,锄头有水】

杈(chā):叉状的木制农具,多用作翻晒麦秆、草堆等。指用杈子翻晒,利于麦秆、草堆等通风,相当于烘干;锄地能切断土壤毛细管,可减少水分蒸发,相当于浇水。{例}像今年这个旱象,我家的麦田最少得多锄三遍。俗话说:"雨涝浇园,天旱锄田","杈头有火,锄头有水"。(柴坤龙等《寻策问计在田间》)

【锄头响,庄稼长】

指锄地遍数多,庄稼就会长得好。{例}农村实行承包责任制后,农民似乎一下子被唤醒了,他们把土地当金子似的,铆足了劲地精心侍弄。俗语说:"锄头响,庄稼长。"(石天《山地葬礼》)

【大豆耳聋,越锄越通】

比喻豆类作物就像耳朵聋了一样,轻易听不到锄地的响声,需要多锄才能长好。{例}比拟:大抵是将物比拟作人,富有感染力。例如"大豆耳聋,越锄越通",实际是指大豆需要中耕,根系及根瘤才能生长良好。(游修龄《论农谚》)

【读书人怕赶考,庄户人怕薅草】

薅(hāo):用手拔。指庄户人怕的是弯腰拔草,就像读书人害怕考试一样,都是费劲的事情。{例}虽说"读书人怕赶考,庄户人怕薅草",可给娃娃喂奶,谁也管不着!(张贤亮《河的子孙》)

【干锄谷子湿锄花，不干不湿锄芝麻】

土壤干燥的时候锄谷子，土壤湿润的时候锄棉花，土壤不干不湿的时候锄芝麻。指锄地要区别不同的土壤和作物。{例}从芝麻墒情来说，群众有“干锄谷子湿锄花，不干不湿锄芝麻”的说法。在播种的方式上，点穴播方面的密植经验有“宁让窝窝稠，不能稠了窝”。（万惠恩《农谚与芝麻栽培》）

【耕而不劳，不如作暴】

劳：同“耢”，用（藤条或荆条编成的）长方形无齿耙平整土地。作暴：作罢。如果耕田而不耢田，还不如干脆作罢。指耢田非常重要。{例}春既多风，若不寻劳，地必虚燥。秋田隰实，湿劳令地硬。谚曰：“耕而不劳，不如作暴。”盖言泽难遇，喜天时故也。（北魏·贾思勰《齐民要术》）

【谷锄七遍饿死狗，瓜锄九遍不住手】

指谷地锄的次数多，谷粒就会饱满，连喂狗的秕糠都没有；瓜地则更多，要锄九遍以上。{例}瓜秧一出土，就定苗儿，追肥，锄了一遍锄二遍，锄了三遍锄四遍。有句农谚说得好：“谷锄七遍饿死狗，瓜锄九遍不住手。”（郭澄清《龙潭记》）

提示　此谚上句出自明·徐光启《农政全书》。谚云：“谷锄八遍饿杀狗。”为无糠也。也说“谷锄八遍不见糠，棉锄八遍白如霜”“谷锄八遍吃干饭，豆锄三遍角成串”等。

【旱来锄头会生水】

指遇到旱情多锄地，切断土壤毛细管，就能减少水分蒸发，相当于浇水。{例}三爷擦着满脸的汗水说：“你老爷爷在世的时候常对我讲，‘旱来锄头会生水’。越旱越要多锄地。”（薛佳《怀念三爷》）

【犁得深，耙得烂，一碗泥巴一碗饭】

耙（bà）：用耙（pá）子碎土平地。指犁地要深，耙土要碎，土地才会多打粮食。{例}“犁得深，耙得烂，一碗泥巴一碗饭。”……这些农谚反映了黑衣壮人改良土地，兴修水利，确保农业生产的意识。（周华等《农谚闪烁科技光》）

【六月火热莫歇阴，锄头底下出黄金】

歇阴：热天在阴凉处休息。

尽管农历六月的气候像火一样热，也不能在阴凉处多休息，因为庄稼正需要中耕，多锄地才能获得丰收。{例}这是农业生产最紧张、农民劳动最辛苦的时期，真是："六月炎天似火烧，六月房中无绣女。"农民一面在炎日下劳作，一面自勉："六月火热莫歇阴，锄头底下出黄金。"(邹南《大热开始——小暑》)

【六月六，打棉头】

指农历六月上旬，要抓紧给棉花打顶整枝。{例}华北：棉花进入盛花期，及时中耕锄草，整枝打顶。"棉花入了伏，三日两天锄""六月六，打棉头"。(梁全智等《古今中外节日大全·小暑》)

【麻耘地，豆耘花】

耘(yún)：除草。指麻类作物要在出苗时锄草，豆类作物可在开花时锄草。{例} 种诸豆与油麻、大麻等，若不及时去草，必为草所蠹耗，虽结实亦不多。谚云："麻耘地，豆耘花。"麻须初生时耘，豆虽花开尚可耘。(唐·郭橐驼《种树书》)

【麦吃腊月土，一亩两石五】

石(dàn)：古代计算容量的单位，十斗为一石。指腊月里碾糖麦田，把土拥到麦根，就能增加亩产量。{例}"麦吃腊月土，一亩两石五。"小麦越冬前进行碾糖，能使麦根"吃"上土，保护麦苗安全越冬，促使根系生长发育，增加小麦亩产量。(云保山《麦吃腊月土，一亩两石五》)

【麦怕坷垃棉怕草】

坷垃：方言，大土块。指麦苗怕土块挤压，棉花怕杂草争夺养分。{例}俗话说："麦怕坷垃棉怕草。"要想棉田没草，还是除草剂的效果好。(张金锁《棉田想没草，快备除草剂》)

【麦田舞龙灯，小麦同样生】

舞龙灯：比喻反复踩压。指麦苗不怕踩压，越压越利于根系生长。{例}其他如"麦田舞龙灯，小麦同样生"，是指小麦苗期镇压作用；"小暑不见底，有谷没有米"，是指不烤田会引起倒伏及秕谷。(游修龄《论农谚》)

【麦无二旺，冬旺春不旺】

麦苗不会两次发旺，冬季发旺春季就不旺了。指小麦冬旺只长秆，来年容易早衰，需要碾压。{例} 近年来随着暖冬年份的增多，小麦旺长带来的各种问题严重影响了产量。对于冬前旺长的麦田，由于冬前营养消耗多，越冬后易转弱早衰，“麦无二旺，冬旺春不旺”就是这个道理。（马玉杰《冬小麦旺苗的形成及调控措施》）

【麦子屁股痒，越压越肯长】

指小麦需要碾压，越压长得越好，就像屁股发痒想挨打一样。{例}队长性情豪爽，说话风趣。比如说到小麦磙压，他是这么说的：“麦子屁股痒，越压越肯长。”（陶志坚《村官记事》）

【棉花锄七遍，果节短，桃成串，丰产优质最保险】

指棉花丰产优质的关键在于多锄几遍。{例}农谚说：“棉花锄七遍，果节短，桃成串，丰产优质最保险。”六月份棉田追肥、浇水、中耕、防治病虫一样不能放松。（李年农《加强棉田管理》）

【苗薅一寸，赛如施粪】

薅（hāo）：除去杂草。指庄稼苗长到一寸时，及早除去杂草，比上粪效果还好。{例}大妈说：“苗薅一寸，赛如施粪。咱还是赶紧到地里去吧，赶集的事，往后再说。”（巴培英《杏花村小住》）

【七犁金，八犁银，九月犁地饿死人】

指农历七月是犁地的最佳时期，八月其次，九月犁地就会影响庄稼收成。{例}犁地一定要赶早，俗话说：“七犁金，八犁银，九月犁地饿死人。”早耕能歇地，长麦有力气。（胡子良《晨曲》）

提示　此谚还说“七金、八银、九铜、十铁”“七月犁金，八月犁银”“七月犁田赛如金，八月犁田赛如银”“七挖金，八挖银，九冬十月挖钢铁”等，都是指在不同的月份犁地，会产生不同的效果。

【秋耕深一寸，顶上一茬粪】

指秋天深耕土地，相当于上粪的效力。{例}“秋耕深一寸，顶上一茬粪。”各地在秋收完毕后，还要抓紧时间在“立冬”前进行秋耕和施底肥。（梁全智等《古今中外节日大全·霜降》）

【秋收不耕地，来年不能定主意】

指秋收完了不耕地，土壤没打好基础，来年就不知道该种什么好。{例}张会计不同意外出打工，他说：“秋收不耕地，来年不能定主意，这是祖辈的经验，不能为了挣钱误了来年。”（汪東刚

《八方野香》）

【秋天划破皮，胜似春天犁十犁】

指秋天犁地，比春天犁地更利于作物生长。{例}播前达到地面平展，上虚下实。秋收后，立即秋垡，“秋天划破皮，胜似春天犁十犁”。（向汾《深耕》）

提示 此谚也说“秋天划破一层皮，强过春天翻一犁”“冬天划破皮，强似春天犁十犁”等。

【日中锄一锄，一身汗，十两油】

日中：中午。指中午锄地虽然晒得流一身汗，但相当于给庄稼上粪。{例}在中午锄田，对于除去杂草的效果最好，农民中传有“日中锄一锄，一身汗，十两油”的口头谣谚。（《山西通志·民俗方言志》）

【三分种，七分管】

指庄稼长得好不好，多半在于管理措施是否跟得上。{例}“三分种，七分管，今年的春耕生产不仅要立足早字，更要早管理，用管理促发展、促效益。”昨天一大早，副市长吴章贺便来到黄圃镇，叮嘱大家向田间管理要效益。（吴森林《三分种，七分管》）

【三耕六耙九锄田，一季收成抵一年】

耙（bà）：用耙（pá）子碎土平地。指种一料庄稼最少要耕三遍、耙六遍、锄九遍，这样才能使一季的收成抵得上一年。{例}俗谚有云：“三耕六耙九锄田，一季收成抵一年。”过去农民深深懂得种田不能只靠老天，要锄头、铁搭底下看年成。（金煦等《苏州稻作木制农具及俗事考》）

【舍不得苗儿，打一瓢儿】

指舍不得锄掉多余的苗儿，庄稼就会减产。{例}“我就是喜欢那长得壮的小苗儿。你看这一颗，紫红秆儿，黑绿黑绿的叶子，多少次的大风沙也没把它摔打死，反倒长得这么壮，不逗人爱吗？能狠心把它锄掉吗？”“‘舍不得苗儿，打一瓢儿’，到秋后挨饿你就知道该不该狠心了。”（秦兆阳《大地》）

【天旱不误锄田，天涝不误浇园】

天旱时不要误了抓紧锄地，雨涝时不要误了浇灌菜园。指锄地能切断土壤毛细管，可以减少水分蒸发；浇灌凉井水能改善地面温湿状况，防止蔬菜感染病毒，发生霉烂。{例}天旱不误锄

田，天涝不误浇园嘛。郑大叔说得有道理，老天越旱，我们越干，一准能斗败干旱。（聂海《靠山堡》）

提示 此谚的变体较多，如“天旱锄田，雨涝浇园”“天旱动锄头，雨涝浇园子”“天干不误锄园子，天雨不误浇苗子”“天旱不误锄苗子，雨涝不误浇园子”等。许多人对后句理解不了：已经涝了，还要浇园，岂不是涝上加涝？据专家解释：在华北地区，涝雨大都在天气最热的七八月间，雨水多了，土壤水分饱和，就不容易渗透，在高温条件下蒸发强烈，容易造成土壤闷热、湿度过大的情况，导致土壤里许多病菌滋生和蔓延，嫩菜的根、茎、叶就容易感病而发生霉烂。如果用凉井水浇灌一下，就能适当降低地表温度，减少蒸发，降低田间空气温度，对蔬菜的生长和减轻病害都有作用。

【削断麦根，牵断磨心】

削断麦根：指麦田中耕。牵断磨心：形容小麦大丰收，磨面时把石磨的轴心都能拉断。指麦田要多锄才能增产。{例}农民喜欢用婉曲含蓄的话把本意烘托出来，例如“削断麦根，牵断磨心”，是说麦子需要勤中耕，中耕后可以增产，但他不用增产等明字眼，而说麦子加工，磨大量的麦粉时可能会把磨心都牵断了，这样烘托来说，以鼓励人们做好田间中耕工作。（游修龄《论农谚》）

【要想棉花好，管理勤又早】

指要想棉花丰收，就得及早加强苗期管理。{例}农谚说：“棉花银，得人勤；动锄早，僵瓣少”，“要想棉花好，管理勤又早”。于5月上旬进行套种棉移栽，栽后5～7天浇一次小水，随后进行中耕，至麦收前达到2～3遍。（李年农《加强棉田管理》）

【一道锄头一道粪，三道锄头土变金】

指锄地相当于上粪，多锄就能夺取丰收。{例}老百姓都懂“一道锄头一道粪，三道锄头土变金”的道理，所以锄的遍数越多越好，大多为三遍。（温辛等《山西民俗·农业生产》）

【一天不锄草，三天锄不了】

指夏天的杂草生长很快，耽误一天，就会加大劳动量。{例}北方春播作物，大豆、玉米、高粱、谷子和棉花，相继出苗。杂草也长得快，“一天不锄草，三天锄不了”，因此要“立夏三天遍地锄”。初夏，可以说是万物快速生长期。（邹南《夏天来了——立夏》）

【有苗三分收，无苗一场空】

有苗就能保证三分收成，没苗就会使一切都落空。指争取使播下的种子全部抽苗成活，是夺取丰收的基础。{例}种植棉花的关键是抓全苗。抓不住全苗，产量和品质便无从谈起。俗话说：“有苗三分收，无苗一场空。”全苗，历来是棉农们一个头痛的问题。（景奇仁《痴情三十五春秋》）

【玉米去了头，力气大如牛】

指给玉米打顶能促使植株生长有力，结穗粗壮。{例}促早熟去雄是一种简而易行的增产措施。“玉米去了头，力气大如牛”，说明玉米及时去雄，使养分集中供给雌穗，达到增产5%~10%的目的。去雄作用：节约有机养分，把雄穗所需养分和水分转给雌穗，使穗长、穗粒重量增加、秃尖减少，籽粒饱满，可早熟5~7天。（修贵喜《玉米五项田间管理措施》）

【庄稼不认爹和娘，深耕细作多打粮】

指庄稼和谁都不会讲情面，只要耕作认真细致，就能提高产量。{例}“庄稼不认爹和娘，深耕细作多打粮。”虽然有不可避免的自然灾害，但只要坚持精耕细作，就一定能获得丰收的年成。（张旗《农耕谚语一束》）

【庄稼不收，管理不休】

指庄稼只要一天没有收割，田间管理就不能松懈停止。{例}华北农谚说：“处暑庄稼一片金，三秋准备要抓紧”，“庄稼不收，管理不休”。此时，玉米、高粱、谷子开始成熟，各地应抓紧收获，以防大风、冰雹、霜冻等灾害的影响。（梁全智等《古今中外节日大全·处暑》）

七、防　灾

【不怕苗儿小，就怕蝼蛄咬】

蝼蛄：一种生活在泥土中专吃农作物嫩茎的害虫，也叫“蝲蝲蛄”“土狗子”。指苗儿小还可以长大，苗儿虽壮但被蝼蛄咬了就会死去。{例}“不怕苗儿小，就怕蝼蛄咬”，“麦子没盘根，蛴螬咬断根”。蝼蛄为直翅目蝼蛄科害虫，成虫、幼虫均可为害。蛴螬为金龟子的幼虫。蝼蛄、蛴螬为作物苗期主要害虫。（李建波等《植保农谚浅析》）

【不怕年灾，就怕连灾】

指一年的灾害好抵抗，连年的灾害最可怕。{例}今年接着去年的大涝，又来了一个大旱，正如俗话所说：“不怕年灾，就怕连灾。”（蒋和森《风萧萧》）

【不忧年俭，但忧廪空】

俭：同“歉”，歉收。廪（lǐn）：粮仓。不担忧庄稼歉收，只发愁粮仓没有存粮。指储粮不足就不能应对饥荒。{例}齐谚有之：“不忧年俭，但忧廪空。”（明·冯琦《为灾旱异常备陈民间疾苦，恳乞圣明亟图拯救，以收人心，以答天戒疏》）

【寸高麦子耐尺水，尺高麦子怕寸水】

一寸高的麦苗能承受一尺深的水，一尺高的麦苗却害怕一寸深的水。指小麦在幼苗期，根系呼吸能力较弱，所以能耐短期渍涝；抽穗以后根系呼吸能力增强，这时遭遇水淹，就可能因根系缺氧而死。{例}“寸高麦子耐尺水，尺高麦子怕寸水。”冬小麦在幼苗期，根系呼吸强度较中后期弱，对土壤透气状况要求不如中后期严格，能耐短期渍涝；小麦抽穗以后，再遇水淹，植株可能因根系缺氧而大量死亡。（王

恒华等《与冬小麦种植有关的部分农谚》)

提示 此谚也说"寸麦不怕尺水,尺麦却怕寸水""寸麦不怕尺水,尺麦但怕寸水"。

【大兵之后,必有大疫;大疫之后,更有大荒】

指大的战乱会导致人畜死亡,形成瘟疫;瘟疫又会造成劳力畜力短缺,田地荒芜,形成更大的饥荒。{例}常闻得人说,大兵之后,必有大疫;大疫之后,更有大荒。眼见得金家人马每每杀来,万民涂炭,把宋帝直赶至此地,整岁构兵,酿成灾疫,这两句也是应验的了。(《载花船》)

【大旱不过周时雨,大水无非百日晴】

周时:俗称一个对时,即由今天的这一时辰到明天的这一时辰。再严重的旱灾只要下一昼夜的雨就可以解除,再大的洪水有一百个晴天也可以退去。指大雨可以解除大旱,久晴可消退大水。{例} 谚云:"大旱不过周时雨,大水无非百日晴。"言天道须是久晴,则水方能退也。(明·徐光启《农政全书》)

【大水无过一周时】

指大水来得很快,不过一个周时大雨就会引起山洪暴发,洪水泛滥。{例}谚云:"大水无过一周时。"言天道久雨,山泽发洪,大水横流,江河陡涨之易也。(明·徐光启《农政全书》)

【地里棉柴拔个净,来年少生虫和病】

棉柴:摘完棉花后剩余的秸秆,晒干可以当柴烧。指棉柴应该在当年拔干净,以免来年产生病虫害。{例}"地里棉柴拔个净,来年少生虫和病。"清除田间枯枝落叶、病株残体,可减少第二年的初侵染源和病虫害的越冬基数。(李建波等《植保农谚浅析》)

【冬无雪,虫子多】

指冬天如果不下雪,来年害虫就多。{例}农事占验,是贯穿于一年始终的:……十一月,称作冬月,谚云:"冬无雪,麦不结","冬月无雪,田中无麦","冬无雪,虫子多"。(钟敬文《中国礼仪全书》)

【冬无雪,麦不结】

指冬季不下雪,来年麦子就要歉收。{例}最宜雪,谚云:"冬无雪,麦不结。"(唐·郭橐驼《种

树书》）

【二麦不怕神共鬼，只怕四月八夜雨】

二麦：小麦和大麦。四月八：农历四月初八，在立夏前后。指立夏时多雨，对麦子扬花影响很大，容易产生秕粒。{例}是夜雨，损麦。谚云："二麦不怕神共鬼，只怕四月八夜雨。"大抵立夏后，夜雨多，便损麦。盖麦花夜吐，雨多花损，故麦粒浮秕也。（明·徐光启《农政全书》）

提示 此谚也说"二麦不怕神共鬼，只怕四月八日雨""小麦不怕神共鬼，只怕七日八夜雨"。

【丰年要当歉年过，有粮常想无粮时】

歉年：收成不好的年头。指丰收了也要节俭度日，富裕了也要为防灾做准备。{例}常言说：不怕稠吃，单怕稀化，这稀化看不见，浪费起来可了不得！咱们要把钱用在最当紧的事情上。正像俗语说的："丰年要当歉年过，有粮常想无粮时。"（李满天《水向东流》）

【风沙一响，地价落三落，粮价涨三涨】

旧时一场风沙刮过后，土地价格再三降落，粮食价格再三上涨。指沙漠地带的暴风破坏性极大。{例}旧社会流传一句俗话："风沙一响，地价落三落，粮价涨三涨。"一场大风沙能刮得你家破人亡，大风沙过去以后，金银滩外边大沙丘上经常露出几根人骨头。（周源《中原大地》）

【风灾一大线，水灾一大片】

指狂风破坏的面积一般呈条状，水灾破坏的面积一般是片状。{例}不在风路上，那风只是回旋盘绕，并不能挟尘带沙地作狂；只有在风口上，也就是风路上，风沙才变得浩浩荡荡。那风路窄的三里二里，宽的五里六里。所谓"风灾一大线，水灾一大片"，讲的就是这个道理。（周源《中原大地》）

【过了荒年有熟年】

熟年：丰收年景。只要熬过灾荒之年，丰收年景就会到来。比喻情况坏到极点时，只要再坚持下去，就会向好的方面转化。{例}大娘，当此荒时荒年，人家难做，你们夫妻二人，不该闹吵，只该好好商量些生意做做，趁得一升半升落锅，将就过去罢了。自古道："过了荒年有熟年。"

(《跨天虹》)

提示 此谚也说“熬过灾年有丰年”“守过荒年有熟年”。

【旱一片,涝一线】

指旱灾受害的面积是一大片,涝灾受害的面积是一条线。{例}我国有“旱一片,涝一线”的说法,说明旱的面积往往十分广阔。崇祯大旱就席卷整个华北及长江流域,使得地方之间也无法相互调剂。根据以上情况,我国还有必要做好抗御更严重旱灾的准备。(王建辉等《我国的干旱及沙漠化》)

【河漂一道川,雹打一条线】

漂:淹没。雹:冰雹。指河水泛滥总是顺着一条山川,冰雹成灾总是沿着一个条状。{例}沿路上看到两边的河湾地,整块整堰,不知道叫洪水给冲走了多少。一路上,人们都在说:“河漂一道川,雹打一条线。”真的,没有走了多远,就看到高粱和玉茭叶子,已经打成碎条条。(刘江《太行风云》)

【荒年不怕怕来年】

指灾荒当年还可以勉强应付,最可怕的是来年青黄不接时,更难度日。{例}谚云“荒年不怕怕来年”,又云“不怕荒年怕熟年”,皆刺骨语也。(清·陈确《荒年诗·序》)

【黄疸收一半,黑疸连根烂】

黄疸:也叫黄锈病,症状是叶片上和茎上出现成条的黄色斑点,病株籽粒不满。黑疸:也叫黑穗病、黑粉病,一种植物病害,受害部位产生黑色粉末。指小麦得了黄疸病还可以有一半收成,得了黑疸病就会连根烂掉。{例}“黄疸收一半,黑疸不见面”“黄疸收一半,黑疸连根烂”。黄疸是小麦锈病,黑疸是小麦黑穗病,小麦黑穗病比小麦锈病对小麦的危害要严重。(李建波等《植保农谚浅析》)

【黄云翻,冰雹天】

指黄色的云乱翻腾,是下冰雹的征兆,需加紧预防。{例}要是云内有大雨点和冰雹块,更会辉映出异乎寻常的色彩来。例如金黄色、蛋黄色、发黄发红等。谚语“黄云翻,冰雹天”等,就是用云的颜色来测天的。(喜根《解读民间气象谚语》)

【久旱必雨,久雨必旱】

干旱的时间长了,一定会下雨;下雨的时间长了,一定会干

旱。指天气变化具有周期性。{例}老天也有阴晴雨雪,久旱必雨,久雨必旱,三十年河东,三十年河西。(楚良《天地皇皇》)

【救苞不救草】

苞:已经成熟、可以收割的稻谷。草:尚未成熟、没有结粒的稻秧。指抗旱灌水的原则是:先抢救含苞的稻谷,不救或缓救还没有结籽的稻秧。{例} 抗旱时节,引水放水的原则是"救苞不救草",就是先灌溉抢救缺水严重、已经成熟、很快便可以收割的、谷粒已长饱满的稻谷(即所谓"苞"),尚未成熟、未结谷粒的稻秧(即所谓"草")可以不抢救或缓一步抢救。(李德复等《湖北民俗志》)

【救旱如救火】

指解救旱灾就像扑灭火灾一样刻不容缓。{例}月君合掌应说:"救旱如救火,求雨是第一件事了!"(《女仙外史》)

【救荒如救火】

指解救饥荒就像扑灭火灾一样不容迟缓。{例}本州接奉插羽飞牌,一面差干役六名,户房、库吏各一名,星夜赴藩库领取赈济银两,一面跟同本学师长,以及佐贰吏目等官,并本郡厚德卓品之绅士,开取库贮帑项,预先垫发。……此救荒如救火之急策也。(《歧路灯》)

【救灾如救火】

指解救灾难就像扑灭火灾一样非常急迫。{例}高继成:"不怎么样。又不是着了火,干吗让那些十七八岁的嫩苗苗,干那么重的活儿?"杨喜生:"可救灾如救火啊!"(孙谦《灾荒年月》)

【良田畏七月】

畏:害怕。好田地也害怕七月的旱情。指农历七月的庄稼正孕穗,需要大量的水分,害怕干旱。{例} 人有言曰:"良田畏七月。"盖百谷秀实之时,正需雨也。(宋·王得臣《麈史》)

【麦倒一把草】

指麦苗长得偏高,一旦发生倒伏,就会像茅草一样没有收成。{例}"麦倒一把草",对于群体偏大、植株偏高易发生倒伏的麦田,应控制水、肥。若干旱需水时,应选晴朗无风天,小水轻浇;若扬花、灌浆期遇风雨倒伏,千万不要用人工扶苗和捆把,以免再次损伤茎秆,造成减产。(席林等《小麦孕穗扬花期"四抓"莫

忽视》)

【麦怕四月风,风后一场空】

指四月下旬正是小麦扬花、灌浆期,一旦受到干热风侵袭,就会造成严重减产。{例}农谚说:“麦怕四月风,风后一场空。”因此,小满期间,及时浇好麦黄水,并采取其他措施,防御干热风的危害,是十分重要的,不然,功亏一篑,令人痛心。(邹南《冬麦将熟——小满》)

提示 据专家讲述:正处在乳熟后期的冬小麦,对高温干旱的反应十分敏感。如果温度在30℃以上,空气最小相对湿度在30%以下,再刮起风速每秒3米的热风,就会使植株蒸腾加快,以至于枯死,使小麦不能正常成熟,造成减产。轻者减产5%~10%,重者可减产30%。

【麦怕胎里旱】

胎:胚胎。指小麦在胚胎发芽时期,最怕遭遇干旱。{例}“谷雨种大田。”一般春播作物都要在这个节气播完。棉花营养钵育苗开始移栽。春山药栽插。“麦怕胎里旱”,防御春旱。(梁全智等《古今中外节日大全·谷雨》)

【年年防歉,夜夜防贼】

歉:歉收,荒年。指年年都要预防农业歉收和可能发生的饥荒,就像夜夜都得防备偷盗一样。{例}李鸿云又一想,不行。老人言:“年年防歉,夜夜防贼。”单靠村上这股势力,不保险。(刘江《太行风云》)

提示 此谚也说“年年防旱,夜夜防贼”“夜夜防贼,岁岁防饥”等。《醒世姻缘传》九〇回:“常言道,‘年年防俭,夜夜防贼’。这两句话虽是寻常俗语,却是居家要紧的至言。”

【晴干无大汛,雨落无小汛】

汛:江河水位季节性和定时性上涨。指久旱时,到了汛期也不会发大水;久涝时,不在汛期也会发大水。{例}凡天道久晴,虽有大汛,水亦不长。谚云:“晴干无大汛,雨落无小汛。”(明·徐光启《农政全书》)

【人怕老来穷,谷怕午时风】

谷:稻谷。指稻谷在扬花时怕花粉被午时大风刮掉,就像人怕老年贫穷无力抵抗一样。{例}人怕老来穷,谷怕午时风。立秋前后谷正扬花,传达花粉,最忌花粉被午时大风吹也。(《平

坝县志》)

提示 此谚也说“稻怕午时风,人怕老来穷”,与“田怕秋旱,人畏老贫”是近义,区别在于一是怕大风,一是怕干旱。

【日暖夜寒,东海也干】

指东南沿海地区如果在夏季出现白天热、夜里凉的情况,就是大旱的征兆。{例}“日暖夜寒,东海也干”这句话,是指我国东南沿海地区夏季所经常产生的天气现象。意思是说:盛夏季节,雨后连续出现白天炎热、夜里凉爽的天气,预示着有干旱现象。(尚醧《为什么说“日暖夜寒,东海也干”?》)

【三月冰,岁不成】

冰:冰雹。指农历三月下冰雹,预示当年谷物收成不好。{例}凡雹皆冬之愆阳,夏之伏阴也,主岁谷不丰。《京房》:“三月冰,岁不成。四月冰,天下荒。五月冰,其国亡。六月冰,天下乱。”(明·冯应京《月令广义·岁令》)

【十夜以上雨,低田尽叫苦】

指南方在农历二月如果有连续十天以上的雨,预示当年雨涝,低田会遭水淹。{例}二月十二夜宜晴。盖二月最怕夜雨,若此夜晴,虽雨多亦无妨。越人云:“二月内得十二个晴则一年内晴雨调匀。”又谚云:“十夜以上雨,低田尽叫苦。”见《岁时通考》。(清·梁章钜《农候杂占》)

【田怕秋旱,人畏老贫】

畏:惧怕。指庄稼怕秋季干旱没收成,就像人怕老来贫困没依靠一样。{例}谚语曰:“田怕秋旱,人畏老贫。”又曰:“夏旱修仓,秋旱离乡。”岁自处暑至白露不雨,则稻虽秀而不实。(宋·陈师道《后山谈丛》)

提示 此谚还说“田怕秋旱,人怕老穷”“人怕老来穷,稻怕秋来旱”“人怕歪斯缠,稻怕正秋干”“人怕老霉,稻怕秋干”等。

【夏则资皮,冬则资絺;旱则资舟,水则资车】

资:购置,准备。絺(chī):葛麻做的单衣。夏天准备皮袄,冬天准备单衣;天旱准备船只,水涝准备车辆。指凡事都应该及早采取防范措施。{例}大夫种进对曰:“臣闻之贾人,‘夏则资皮,冬则资絺;旱则资舟,水则资车’,以待乏也。”(《国语·越语》)

【现了黄疸,减产一半】

黄疸:一种农作物病,也叫

黄锈病，小麦叶片和茎上出现成条的黄色斑点，病株籽粒不饱满。小麦一旦出现黄疸症状，就会减少一半产量。指黄疸病危害很大。{例}俗话说："现了黄疸，减产一半。"社员们辛辛苦苦干了一年，好容易才争了个丰收年景，偏又发生了这种要命病！（孙谦《革命生意经》）

【小麦不过九月节，只怕来年二月雪】

指小麦在农历九月以前播种，会因温度高而形成旺苗，来年二月返青时容易发生冻害。{例}"小麦不过九月节，只怕来年二月雪。"冬小麦播种过早，如在九月中下旬播种，易因温度高而形成旺苗，导致越冬期间不抗冻，年后返青时遇低温或霜冻易发生冻害。（王恒华等《与冬小麦种植有关的部分农谚》）

【要想明年虫子少，今年火烧园中草】

指园中杂草是害虫的越冬场所，应该及早焚烧。{例}"剪了枯枝除杂草，来年虫子少""要想明年虫子少，今年火烧园中草"。因枯枝、杂草是一些害虫的越冬场所，在作物收获后要把它们清除出田园。（李建波等《植保农谚浅析》）

【一亩之地，三蛇九鼠】

一亩大的地方，就会有许多蛇和老鼠。指危害庄稼的东西很多。{例}问："雪峰道，尽大地撮来如粟米粒大，抛向面前漆桶。不会打鼓，普请看。未审此意如何？"师曰："一亩之地，三蛇九鼠。"（宋·普济《五灯会元》）

【一年受灾，三年难缓】

缓：缓解。指一年遭受自然灾害，三年都补不回损失。{例}俗话讲："一年受灾，三年难缓。"左家山从1959年起，连续两年遭灾，损失不小呀！（侯树槐《高山春水》）

提示　此谚也说"一年受灾，三年难翻身"。

【雨打一大片，雹打一条线】

指下雨淋的面积是一大片，冰雹打的面积呈条状。{例}"许玉兰在草原上放牛，赶上这场雹子可够呛。""那边不准有。"油娃信口说："哼，难说，雨打一大片，雹打一条线。"（张天民《创业》）

【种田先作岸，种地先作沟】

田：指水田，一般在低处。地：指旱地，一般在高处。指种水田要先筑围堤，以防水灾；种旱地应先修沟渠，以便引水灌溉。

{例}老农有云："种田先作岸，种地先作沟。"盖高乡不稔，无沟故也；地乡不稔，无岸故也。（清·钱泳《履园丛话》）

八、收　获

【打鱼人盼望个好天气，庄稼人盼望个好收成】

指农民盼望丰收，就像打鱼人盼望天气晴朗一样。{例}常言道："打鱼人盼望个好天气，庄稼人盼望个好收成。"我知道，我听说过，去年的胶东地区，收成就很好。（峻青《壮志录》）

【豆收长秸，麦打短秆】

指豆类秸秆长，就能多结荚而高产；小麦秸秆短，就能抗倒伏而高产。{例}豆收长秸，麦打短秆。这是形容农作物高产品种长相的谚语。……豆类则因秸秆长、结荚多而高产。小麦由于一般密度比较大，且穗头直立、穗下节长，尤其是矮秆品种抗倒伏性强，穗层整齐，所以只见麦穗不见叶。麦打短秆指矮秆品种因抗倒伏性强，小麦的收获指数（籽粒重量占整个地上部分植株重量的比例）高，小麦产量也高。（任明全《农谚浅释》）

【谷三千，麦六十】

指一穗谷子有三千粒，一穗麦子有六十粒，就说明长势很好。{例}去年河南河北全泛水，黑土地白土地里的小麦都很好，沉甸甸的穗子乍乍着长，"谷三千，麦六十"，今年随手摘下一穗，在手掌里捻开，就有八十个鼓鼓的大麦粒。（孙犁《风云初记》）

提示　此谚在明代王象晋的《群芳谱·谷谱》中只有三个字"谷三千"。谚云："谷三千。"一穗之实至三千颗，言多也。

【好谷不见穗，好麦不见叶】

指好的谷子穗多下垂，被叶片遮住，所以看不见穗儿；好的麦子穗挺立向上，穗层整齐，所以看不见叶子。{例}好谷不见穗，好麦不见叶。……一般谷子的高产长相是穗大粒多，由于穗长、穗大、穗重，谷穗多下垂被叶片遮住，所以说好谷不见穗。小麦由于一般密度比较大，且穗头直立、穗下节长，尤其是矮秆品种抗倒伏性强，穗层整齐，所以只见麦穗不见叶。（任明全《农谚浅释》）

提示 此谚也说“好糜不露叶，好谷不露穗”。

【黄金落地，老少弯腰】

黄金：比喻麦子。指麦穗就像黄金一样珍贵，一旦落在地上，谁都会弯腰捡起来。{例}“黄金落地，老少弯腰。”这黄金当然是麦子，田里路上见着落下的麦穗，那是一定要捡起来的。（陈绍龙《尝新》）

【紧收夏季慢收秋】

指夏季作物成熟期短，要抓紧收割；秋季作物成熟期长，可以陆续收割。{例}“紧收夏季慢收秋”，用不着几天的时间，麦子就抢收完了。其时，家家也都备好了擀面杖和蒜臼了，擀面条，蒸白馍。（陈绍龙《尝新》）

【精打细收，颗粒不丢】

指打场收割要精细，争取一颗一粒都不丢损。{例}今天的新农谚，情况就完全不一样了，内容更加科学，风格更加明朗、朴素，做社会主人和自然主人的共产主义气魄，使新农谚增加了诱人的亮色，如“精打细收，颗粒不丢”。（王毅《略论中国谚语》）

【九成熟，十成收；十成熟，一成丢】

指小麦在蜡熟阶段收割，就能有十成收获；完全成熟后再收割，反而会丢损一成。{例}“九成熟，十成收；十成熟，一成丢。”冬小麦到蜡熟阶段，即麦秸变黄时，用指甲掐试麦粒，如掐蜡一样，无水而不硬，此时虽然不是十分成熟，却是最佳收获季节。如若等到小麦完全成熟（即指甲掐不动麦粒，植株基本枯死）再收获，会因小麦断穗落粒而减产。（王恒华等《与冬小麦种植有关的部分农谚》）

【六月里，六月六，新麦子馍馍熬羊肉】

指农历六月上旬，北方小麦普遍收割完毕，人们可以吃上新面馒头，加上肉类改善生活。{例}“六月里，六月六，新麦子馍馍熬羊肉。”在陕北，六月上旬正

是麦收羊肥之时。人们在喜庆丰收之时，接出嫁的妇女回娘家，阖家团聚，共享天伦之乐。（钟敬文《中国礼仪全书》）

提示 此谚也说“六月六，新麦子馍馍熬猪肉”“六月六，新麦子馍馍炖鸡肉”。

【麦过人，不入口】

麦秆长得比人还高，人就吃不到麦子。指麦子长得过高容易倒伏，造成歉收。{例}谚云：“麦过人，不入口。”靖康元年，麦多高于人者，既熟，大雨，所损十八。（宋·庄绰《鸡肋编》）

提示 此谚也说“麦过口，不入口”。

【麦黄一晌，蚕老一时】

晌（shǎng）：半天的时间。小麦成熟只在半天的时间，就像蚕老只在短时一样。指收麦必须抢时间，不能拖延。{例}突然一场温腾腾、热燥燥的南风持续了一夜半天，麦子竟然干得断穗掉粒了，于是千家万户的男人女人大声叹着“麦黄一晌，蚕老一时”的古训涌向田野，唰唰嚓嚓镰刀刈断麦秆的声浪就喧哗起来。（陈忠实《白鹿原》）

提示 此谚也说“麦熟一晌，蚕老一时”“蚕老一时，麦熟一晌”等。

【麦收三件宝，穗多穗大籽粒饱】

指小麦的穗数多、穗子大、籽粒饱满，就是丰收的象征。{例}“麦收三件宝，穗多穗大籽粒饱。”冬小麦的产量取决于亩穗数、穗粒数和千粒重，丰收离不开这三项指标的提高。（王恒华等《与冬小麦种植有关的部分农谚》）

【麦收有五忙，割挑打晒藏】

指人力收割小麦主要在五个方面忙碌：抢割、挑运、打场、晾晒、收藏。{例}我告诉他们，麦收有五忙，割挑打晒藏。我父亲说啦，一年只有四十五天忙，一天要办九天粮。差一天都不行！（闻桑《麦蛾的舞蹈》）

【七月七，吃谷米】

指农历七月上旬谷子上场，人们可以吃到新的小米。{例}七月七，吃谷米。新谷上场，黄灿灿的新小米上市，耀得全胶州城里城外一片金光，喜气洋洋。（周恩惠《古今奇案·血手印》）

提示 此谚与“五月五，尝新谷”意思不同，一指小米，一指小麦。

【七月十五定旱涝，八月十五定收成】

指一年的气候是干旱还是雨涝，到农历七月十五就见分晓；一年的庄稼是丰收还是歉收，到农历八月十五就成定局。{例}“七月十五定旱涝，八月十五定收成。”这一年，七月平平安安过去了，八月得了个好收成，人们喜得合不拢嘴，都觉得能过上好日子。（史国强《三娘子舍身救百姓》）

提示 此谚也说“七月十五定旱涝，八月十五看收成”。

【歉年种荞麦，七十五天见成色】

荞麦：粮食作物，又是蜜源植物。指收成不好的年头种荞麦，两个半月就能有收成。{例}庄稼人知道：“歉年种荞麦，七十五天见成色。”没到霜降，人们又忙着开镰收割了。（史简《诸葛亮当家》）

【秋忙麦忙，绣女下床】

绣女：从事刺绣的妇女。指秋收、麦收时农活太忙，所有人都得参加劳动。{例}真是“秋忙麦忙，绣女下床”。那些长年不出工的妇女、老人也都走出了家门。（王玉龙《清泉曲》）

提示 此谚的变体比较多，如“麦忙秋忙，绣女下床”“麦子黄黄，绣女下床”“麦穗发了黄，绣女也出房”“秋忙麦黄，绣女下床”“秋忙秋忙，绣女也要出闺房”“三秋大忙，绣女下床”等。

【秋十天，麦三晌】

晌：半天的时间。秋作物是陆续成熟，收割可用十天；麦子在短时间成熟，收割只能用三晌。指夏收晚一晌都会受损失。{例}秋十天，麦三晌。麦子说熟就熟。骄阳似火，南风如炉，麦子该收不收，晚一天就折穗，晚三天就会烂在地里。（路一《赤夜》）

【人老一时，麦老一晌】

指麦子在某一天突然就会成熟，就像人在某一年突然就会显出老相一样。{例}俗话不错：“人老一时，麦老一晌。”一眨眼，竟然到了退休的年岁！（侯树槐《监护人》）

提示 此谚也说“人老一年，稻老一天”等。

【三春没有一秋忙，收到囤里才是粮】

三春：三个春季。囤（dùn）：用荊条、竹篾、稻草等编成的储粮器具。三个春季也没有一个秋季忙碌，粮食只有收到囤里才算保险。指秋收如果不抢时，难免有意外损失。{例}秋天是收获的季节，民谚有“秋收四忙，割打晒藏”“秋收大忙，绣女下床”“三春没有一秋忙，收到囤里才是粮”“抢秋夺秋，不收就丢”。（王森泉等《黄土地民俗风情录》）

提示 此谚也说“三春不如一秋忙”“三春不赶一秋忙”。

【三秋不如一麦忙】

三秋：秋收、秋耕、秋种。一麦：夏天收割麦子。秋收、秋耕、秋种再忙，也不如收麦忙。指夏收是农事最忙的时节。{例}大伙别笑，队长说的全在理，三秋不如一麦忙，一个人顶三个人使；到时候，真不能随便请假。（浩然《艳阳天》）

【三三念九，不如二五得十】

三和三相乘得九，不如二和五相乘得十。比喻种植产量低的多种作物，不如种植产量高的一两种作物。{例}早稻三百二，中稻三百二，晚稻瘪多实少，实的也就一百来斤。种一稻一麦或一稻一油呢，轻巧巧一千过头。“三三念九，不如二五得十。”（陈源斌《万家诉讼》）

【伤心割菜籽，洒泪收芝麻】

菜：油菜。指油菜和芝麻成熟时容易脱粒，人们收割时觉得可惜，所以夸张地说“伤心”“洒泪”。{例}“伤心割菜籽，洒泪收芝麻”，是指芝麻和油菜两种作物成熟时极易脱粒，遗失很多。（游修龄《论农谚》）

【十年高下一般平】

指农业收成有丰年也有歉年，以十年为一个周期平均计算，每年的产量相当于中等年份的收成。{例}乡谚曰：“十年高下一般平。”盖言以十年权之，或丰歉可抵如一，而未能信也。（清·李光庭《乡言解颐·人部》）

【十年九不收，一收吃九秋】

指洼地的粮食丰歉难以预料，遇到旱涝颗粒无收；风调雨顺时，产量是平地的数倍。{例}东平州，十年九不收，一收吃九秋。东平县的人们挂在嘴边的这两句顺口溜，是夸耀呢，是悲叹呢？（李束为《记忆中的东平湖》）

提示 此谚也说“十年九不收，一收胜十秋”。

【适时十成收，过时二成丢】

十成：完全。在适合的时节

收割就能完会收回，过了时节就会丢损十分之二。指收获的关键是不能错过节令。{例}“适时十成收，过时二成丢。”……这些农谚，反映了黑衣壮人只有认真选种、严格管理，才能搞好生产的意识。（周华等《农谚闪烁科技光》）

【收麦如救火】

指收割麦子就像扑灭火灾一样紧迫。{例}古语云：“收麦如救火。”若少迟慢，一值阴雨即为灾伤，迁延过时，秋苗亦误锄治。（元·王磐《农桑辑要》）

【熟年田地隔丘荒，荒年田地隔丘熟】

熟：丰收。丘：山丘。荒：灾荒。丰收年景，山丘这边丰收，山丘那边却遭灾；灾荒年景，山丘这边遭灾，山丘那边又丰收。指丰收和遭灾有时只隔一道山梁。{例}自古道：熟年田地隔丘荒，荒年田地隔丘熟。这陆家庄上荒多熟少，前村系是高乡，今秋大熟，那王老儿在成熟之处，要分儿子出来另居，故此要买屋。（《快心编》）

【穗齐廿日饭】

廿（niàn）：数词，二十。指稻穗长齐后，再过二十天就能吃到新米饭。{例}俗话说“穗齐廿日饭”啊，不上一个月，人们又可吃到香喷喷的新米饭了。（惠西成等《中国民俗大观·浙江镇海的稻花会》）

【天旱收山，雨涝收川】

指天旱时山沟的作物有收成，雨涝时平地的作物有收成。{例}“沟里的麦子今年不错吧？”我问。俗话说，天旱收山，雨涝收川。缺雨的年份，山沟里的麦子要比平地好得多。“沟里没麦子了。”岳父沉沉地说。（心灵《荒沟又荒了》）

【五月天，龙嘴里夺食】

指农历五月抢收小麦，防备雨淋雹打，就像从龙嘴里夺取粮食一样紧迫。{例}麦子熟了得赶快开镰，老人们留下一句话：“五月天，龙嘴里夺食。”这就是说，动手早了人收，动手迟了天收，一时三刻天鼓响，不是暴雨淹，便是雹子打。（西戎《王仁厚和他的亲家》）

提示　此谚也说“麦熟一晌，龙口夺粮”“抢收抢打，龙口夺食”。

【五月五,尝新谷】

指农历五月初五,有的地区已经割完小麦,可以品尝新麦了。{例}五月五,尝新谷。是麦子。秋种、冬眠、春长、夏收,没有一样庄稼像麦子一样要经历四季的等待。(陈绍龙《尝新》)

【杏熟当年麦,枣熟当年禾】

指杏儿成熟时,正是麦子收割的时候;枣儿成熟时,正是谷子收割的时候。{例}谚曰:"杏熟当年麦,枣熟当年禾。"(宋·陈师道《后山谈丛》)

提示 此谚的上句也说"杏子黄,麦子熟"。

【一分耕耘,一分收获】

耕耘:耕地和除草。指耕地和除草时花费多少力气,秋后就会有多少收成。后泛指有付出,就会有收获。{例}量、质俱佳,久而久之,必将达到一个新的高峰。一分耕耘,一分收获,君其勉旃!(西戎《〈在九曲十八弯的山凹里〉序》)

提示 此谚也说"一分耕耘,一分收成""有一分耕耘,就有一分收获"。

【一麦抵三秋】

三秋:秋收、秋耕、秋种。指收割一茬麦子的劳动量,抵得上秋收、秋耕、秋种的劳动量。{例}北方麦收最重,故农谚云:"一麦抵三秋。"(清·赵遵路《榆巢杂识》)|妈不睡了,走!大凤子,跟妈快下地去吧!一麦抵三秋。(陈登科《活人塘》)

【庄稼不丢,五谷不收】

五谷:五种谷物,常用为粮食作物的总称。指种庄稼难免有丢损,最后的收获很珍贵。{例}古人说,"庄稼不丢,五谷不收",种地就是这么回事,还能什么也管住。风刮,雹子打,虫虫鸟鸟吃,剩下的算数。(西戎《一个年轻人》)

九、林　果

【八月的梨枣，九月的楂，十月的板栗笑哈哈】

笑哈哈：形容板栗裂口的形状。指梨、枣、山楂、板栗在农历八、九、十月相继成熟。{例}民谚云："八月的梨枣，九月的楂，十月的板栗笑哈哈。"金秋十月，天高气爽，习习的秋风又飘出糖炒栗子的芳香。（胡璇《十月板栗笑哈哈》）

【百年古柏能成仙】

民间以为百年以上的古老柏树具有神仙的灵气。指古树难得，须重点保护。{例}如柏树是人们认为最神秘的树，俗传"百年古柏能成仙"，人们不敢轻易砍伐古柏，甚至当作神灵立庙朝拜。（《山西通志·民俗方言志》）

【柏树肥，杉树凉，黄土坡上种青冈】

青冈：也叫槲（hú）栎（lì），一种茎高能达二三十米的落叶乔木，叶子长椭圆形，边缘有波状的齿，背面有白毛，果实长椭圆形。柏树适宜肥沃土壤，杉树适宜凉性土壤，青冈树则适宜黄土坡。指不同的树种需要不同的土质。{例}如果地质相反，不只是长不大，恐怕也没有成活率。"柏树肥，杉树凉，黄土坡上种青冈。"（王松林等《南阳农谚与植树》）

【不怕枣树老，就怕管不好】

指枣树不怕老，只要管理得好，照样能提高产量。{例}靠他们技术指导，我及时修剪，施肥、喷药，刮皮涂白，控制了病虫害，提高了枣产量。看来，不怕枣树老，就怕管不好。（刘合心《一人一亩稷山枣》）

【蚕老一时，樱熟一晌】

一晌：半天时间。指樱桃成熟很快，就像蚕老只在一时一样，需要赶快摘收。{例}俗话说："蚕老一时，樱熟一晌。"对于试验栽植极晚熟樱桃的初衷，市樱桃研究所工作人员介绍说："在去年研究所成立之初，我们深入分析了国内市场，发现我国樱桃成熟期均集中在五月中上旬，那么下一步发展极早熟和极晚熟品种，将樱桃成熟期分别提前和推后一个月，打时间差，填补市场空白，这将是铜川樱桃胜出市场的根本所在。"(喜顺《极晚熟樱桃在印台区试验栽植成功》)

【茶树不怕采，只要肥料足】

指茶树不怕多次采摘，只要肥料上足，就能发出新叶。{例}茶谚有许许多多，其中有关采摘的茶谚，比如"头采三天是个宝，晚采三天是棵草""割不尽的麻，采不完的茶""头茶不采，二茶不发""茶树不怕采，只要肥料足"等。(王旭烽《茶人三部曲》)

【城镇遍植树花草，空气清新公害少】

指城市乡镇遍地都植树种草，就能净化空气、减少公害。{例}如今，人们不仅对绿化植树的意义有了全新的认识，而且懂得了绿化对调节气候、保持水土、美化环境、抵御自然灾害、维护生态平衡等所起到的积极作用，于是，又产生了新的绿化谚语，如"城镇遍植树花草，空气清新公害少""林带用地一条线，农田受益一大片"等。(金旺《绿化谚语趣说》)

【春茶留一丫，夏茶发一把】

指春季给茶树留下一个嫩芽，夏季茶树就能发出一大把新叶。{例}浙江全省采摘茶叶的谚语面广量大，单以杭州一地这方面的谚语为例，最具代表性的谚语，如"春茶留一丫，夏茶发一把""春茶苦，夏茶涩，要好喝，秋露白"等，都体现了这一采摘指导思想。(辛时敏《话说茶谚》)

【春栽树，夏管树，秋冬护理莫马虎】

指春季栽上树后，夏季、秋季、冬季都要加强管理，不能疏忽大意。{例}"春栽树，夏管树，秋冬护理莫马虎""三分造，七分管，只栽不管收担柴""向阳茶树背阳杉，栽树容易保树难"，强调管护的重要性，只种不管，只会"植树造零"。(王松林等《南阳农谚与植树》)

【存三去四不留七】

指竹子要保留三年以下的，去掉生长了四年的，七年以上的则必须砍伐。{例}数字农谚是老农根据长期实践经验用数字概括出来的，如种植的有“七葱八蒜，九油十麦”，甘蔗旺长和上糖的有“七长八大，九糖十榨”，“存三去四不留七”是说四岁以下的嫩竹不能砍，六岁以上的老竹不能留。（黄魁罡《民间语文：数字情趣》）

提示 此谚在明代徐光启的《农政全书》卷三九中作“留三去四”，如：“竹有六七年便生花。所谓‘留三去四’，盖三年者留，四年者伐去。”

【东家种竹，西家治地】

治：整治。竹子有滋生蔓延的特性，东家种了竹，西家只要整好地，竹子自会延伸过来。{例}种竹：竹性爱向西南引，故于园东北角种之，数岁之后，自当满园。谚云“东家种竹，西家治地”，为滋蔓来生也。其居东北角者，老竹种不生，生亦不能滋茂，故须取其西南引少根也。（北魏·贾思勰《齐民要术》）

提示 此谚也说“西家种竹，东家治地”，如宋·陆佃《埤雅·释草》，语曰：“西家种竹，东家治地。”言其滋引而生来也。

【冬栽松，夏栽柏，背风地里点洋槐】

点：点种。指松树适合冬天栽，柏树适合夏天栽，洋槐树适合在背风地里点种。{例}什么时间种什么树？“冬栽松，夏栽柏，背风地里点洋槐。”农谚给予我们最权威的回答。（王松林等《南阳农谚与植树》）

【发展果木茶，包你户户发】

茶：茶树。指发展果树、茶树等经济林木，能使农户发家致富。{例}“发展果木茶，包你户户发。”……这些农谚反映了黑衣壮人对植树造林的认识，对绿化荒山、保护生态具有积极的意义。（周华等《农谚闪烁科技光》）

【斧头自有一倍叶】

指用刀斧修剪桑树，桑叶会成倍增加。{例}农语云：“斧头自有一倍叶。”以此知科斫之利胜，唯在夫善用斧之效也。（明·徐光启《农政全书》）

【高山出名茶，名茶在中华】

指高山上才能产出名茶，有名的茶叶都是出自中国。{例}

"高山出名茶,名茶在中华。"中国是茶的故乡,产茶历史悠久,茶类最全,茶叶品种最多,其中很多古代传统名茶的由来,都与"神"有关。(周宗廉等《中国民间的神》)

【河边栽柳,河堤长久】

指河边栽上柳树,就能保证堤坝稳固长久。{例}谚语道:"河边栽柳,河堤长久","筑堤不栽树,风浪挡不住"。大堤上的柳树不仅能够加固堤坝、美化环境,而且对保持水土、调节气候、抵御自然灾害、维护生态平衡等,都有积极的作用。(王吉海《游春记》)

【荒山不植树,水土保不住】

指山上如果不植树,水分和表土就会流失,使土层逐渐变得瘠薄。{例}"荒山不植树,水土保不住。"……这些农谚反映了黑衣壮人对植树造林的认识,对绿化荒山、保护生态具有积极的意义。(周华等《农谚闪烁科技光》)

提示 此谚也说"山上没有树,水土保不住"。

【黄土枣树水边柳,一百能活九十九】

指在黄土地上栽枣树,在水边栽柳树,成活率能达到百分之九十九。{例}"黄土枣树水边柳,一百能活九十九。"如果地质相反,不只是长不大,恐怕也没有成活率。(王松林等《南阳农谚与植树》)

【家有寸槐,不可做柴】

家里有一寸槐木,都不可当柴烧。指槐木用途很多,应该珍惜。{例}木材树在河东首推国槐与楸树,"家有寸槐,不可做柴",因其宝贵也,现在是我省的省树。槐木可做家具,槐豆可以治痔,槐米可做染料,曾染八路军、解放军的军服,也可以做药出口创汇。(王森泉等《黄土地民俗风情录》)

【家有千株柳,何须满山走】

指家里有上千株柳树,就用不着为找柴而满山奔走。{例}把道理融入农谚中,通俗易懂,朗朗上口。如"三年护林人养树,五年成林树养人""千桐万柏一片楠,子孙世代享不完""家有千株柳,何须满山走"。(王松林等《南阳农谚与植树》)

【砍树容易栽树难】

指栽活一棵树很不容易,不能随便砍伐。{例}长了十年的果

树，几斧子就被砍倒了。真是砍树容易栽树难哪！十年辛苦，三斧子就毁掉了。（楚良《天地皇皇》）

【腊月栽桑桑不知】

指腊月里桑树尚未萌芽，此时栽植成活率较高。{例}《农桑撮要》云："十二月内掘坑深阔约二小尺，却于坑畔取土粪和成泥浆，桑根埋定，粪土培壅，将桑栽向土，提起根舒畅，复土壅与地平，次日筑实，切不可动摇，其桑加倍荣，旺胜如春栽。"谚云："腊月栽桑桑不知。"（明·王象晋《群芳谱·桑谱》）

【林带用地一条线，农田受益一大片】

林带占用的土地只是一条线，但农田受益的面积却是一大片。指栽植林带是事半功倍的好事。{例}"林带用地一条线，农田受益一大片。"绿化对于保持水土、美化环境、调节气候、抵御自然灾害、维护生态平衡等，都有不可低估的积极作用。（王力刚《绿化趣谈》）

提示　据专家讲述：林带是由一行以上树木组成并起防护作用的树行，呈带状延伸。防护林带由主林带和副林带组成，以保护农田和草原为目的。主林带与当地主害风风向垂直，副林带与主林带垂直以防次害风，两者交织成网。

【鲁桑百，丰锦帛】

鲁桑：桑树的一种，原产山东，是我国蚕区的主要栽培桑种。锦帛：用蚕丝织成的丝织品。指好桑树多了，优质蚕就多；蚕丝多了，丝织品自然就丰富了。{例}黄鲁桑不耐久，曰："鲁桑百，丰锦帛。"言其桑好、功省、用多。（元·王磐《农桑辑要》）

【绿树成荫，空气清新】

指树木枝叶繁茂，形成大片树荫，周围的空气就会清新。{例}在大娘家里住了一周，大伙有点依依不舍。小李说："用'绿树成荫，空气清新'形容这个小镇，真是名副其实。"（辛墨菊《小镇碧翠》）

【庙寺易建，古木难求】

寺庙容易仿建，但越是年代久远的树木，越不容易寻求。指古树无法仿造，比古庙更珍贵。{例}古时候，人们深信万物灵长无所不在，尤其是那些生命久远的古迹、古庙、古树，颇为诡秘。

有句俗话说："庙寺易建，古木难求。"苍凉幽深、高凌挺拔的古木老树，更是给人以难以捉摸的缄默、威严、尊贵、神圣。（王宏伟《最具生命力的形象》）

提示　此谚也说"庙宇易建，古木难求""寺庙易建，古树难求"等。

【七月核桃八月梨，九月柿子乱赶集】

指农历七、八、九月，核桃、梨和柿子等相继成熟，陆续上市。{例}在民间，秋天是欢乐的。农人面对的，是即将到手的丰收的果实，"秋风凉，庄稼黄"，"七月核桃八月梨，九月柿子乱赶集"。（邹南《天朗气清——白露》）

提示　此谚的变体较多，如"七月核桃八月梨，九月柿子红了皮""七月的枣，八月的梨，九月的柿子红了皮""七月里枣，八月里梨，九月的柿子红了皮""七月枣，八月梨，九月柿子上满集""七月核桃八月梨，九月柿子赶大集"等。

【七月十五红圈，八月十五落杆】

红圈（quān）：局部变红。落杆：被长杆打落。指枣在农历七月十五局部变红，到中秋节就能收获。{例}枣花悄然地随风飘落了，露头的却是谷米似的翠绿枣枣。它不声不响地在成长，等到"七月十五红圈，八月十五落杆"时，成熟的大枣挂满枝头，一个个红着脸儿摇头晃脑。（师喜明《枣树和枣儿》）

提示　此谚也说"七月十五半红枣，八月十五大红袍"。

【千茶万桑，万事兴旺】

指种植成千上万株茶树和桑树，一切事情都会兴旺发达。{例}如提倡和劝种茶树方面的谚语，有"千茶万桑，万事兴旺"。在浙西开化一带，还有"千杉万松，一生不空；千茶万桐，一世不穷"等，这些茶谚，都较古朴，虽然搜集于20世纪中期，但是，与种橘植果的一些谚语对照，就其风格来说，很像是明清时期或更古时候的茶谚。（辛时敏《话说茶谚》）

【千桐万柏一片楠，子孙世代享不完】

指种植成千上万株桐树、柏树和楠树，子孙后代都有享用不尽的好处。{例}把道理融入农谚中，通俗易懂，朗朗上口。如"三

年护林人养树，五年成林树养人”“千桐万柏一片楠，子孙世代享不完”。（王松林等《南阳农谚与植树》）

【前人栽树，后人乘凉】

前人栽了树，后人就可以在树荫下休息。多比喻前人艰苦奋斗，是为后来人造福。也比喻后人能够有所收获，是前人付出的结果。{例}俗语说得好：“前人栽树，后人乘凉。”我们守着祖宗的遗产，过了一生，后来儿孙，自有儿孙之福。（清·颐琐《黄绣球》）|所谓“前人栽树，后人乘凉”，就是告诉我们：对于前人我们是乘凉者，对于后人我们又是栽树者。在人类文明发展的漫长征途上，我们有着义不容辞的责任。（倩青《展翅篇》）

提示 此谚也说“前人栽树，后人歇凉”“前人种树，后人乘凉”“前人栽树，后人吃果”“前人栽树，后人歇阴”“前人栽树，后人遮阴”“前人种树后人凉”“前人种树后人收”等。

【前榆后槐，必定发财】

俗指大门前栽上榆树，院内栽上槐树，一定会有可喜的收入。{例}因榆树所结荚果称“榆钱”，恰好与“余钱”谐音，故农家多栽此树于大门前，以讨吉利口彩。槐树所结之荚果多子，又正好与“怀子”谐音，故农家多栽于宅院内，以求家人多生儿子（“怀孕生子”）。当地民谚曰：“前榆后槐，必定发财。”（贺锡祥《民间建筑讨口彩》）

【歉年发财主，旱年发槐树】

歉年：收成不好的年头。财主：有资财的主人。指有资财的人遇到歉收年景容易发财，槐树遇到大旱年景长得越茂盛。{例}会还没开始，只听保安爷站在槐树底下，正给人说：“歉年发财主，旱年发槐树。这槐树怕淹不怕旱。这水如果还往上涨，连它也不得安生了。”话中充满着忧虑。（节延华《河湾》）

【人要文化，山要绿化】

指人应该多学文化，山上应该多栽树木。{例}郝局长激动地说：“人要文化，山要绿化。我们要实现文化强县，也要做绿化大县！”（解时岗《林业局长谈绿化》）

【若要地增产，山上撑绿伞】

撑绿伞：比喻植树造林。指山上植树造林，才能保证山下的

土地增加产量。{例}他们的共识是:若要地增产,山上撑绿伞。山青青,黄土变成金。(韩喜庆《山山撑绿伞》)

【三分栽树,七分管护】

指树的成活率如何,栽种占到三分,多半在于管护。{例}植树造林讲究“三分栽树,七分管护”。栽树一定要把好选苗关,要一棵一棵选幼苗;然后是起苗关,起苗时千万不能破坏树根;接下来运苗、栽苗、打坑、浇水,关关容不得半点马虎。(李永平《“树魂”和“树痴”的碰撞》)

提示 此谚也说“三分栽,七分管”“三分造,七分管,只栽不管收担柴”等。

【三年护林人养树,五年成林树养人】

前三年管护林木是人在养树,后五年树木成林就是树在养人。指护林虽然付出辛苦,但以后会收到更大的效益。{例}把道理融入农谚中,通俗易懂,朗朗上口。“三年护林人养树,五年成林树养人。”(王松林等《南阳农谚与植树》)

【三十岁栽杉,六十岁睡元花】

元花:湖北方言,指棺材。三十岁栽杉树,六十岁就能得到一副好棺材。指种植杉树能亲身受益。{例}俗话说:“三十岁栽杉,六十岁睡元花(棺材)。”意思是植树造林可造福万代,也可亲身受益。(李德复等《湖北民俗志》)

【桑发黍,黍发桑】

发:助长。黍(shǔ):籽实脱皮后叫黄米的粮食作物。指在桑田里套种黍子,黍能助桑茂盛,桑能助黍增产。{例}桑间可种田禾,与桑有宜与不宜:……如种绿豆、黑豆、芝麻、瓜芋,其桑郁茂,明年叶增二三分,种黍亦可。农家有云:“桑发黍,黍发桑。”此大概也。(元·王磐《农桑辑要》)

【山区要想快变富,发展林果是条路】

指发展林业、多栽果树,是山区快速致富的有效途径。{例}山坡地种庄稼比不上平川,种树还是有条件的。人们有句口头禅说:“山区要想快变富,发展林果是条路。”(靳一民《试说绿化谚语》)

【山上多栽树,等于修水库;雨时能蓄水,旱时它能吐】

山上多栽树木,相当于修了水库;雨多时能积蓄水源,干旱时能补给水分。指造林能抗旱耐涝。{例}我国山西省民间有一个说法:“山上多栽树,等于修水库;雨时能蓄水,旱时它能吐。”孟加拉国由于大量砍伐森林,洪水灾害由历史上的50年1次上升到20世纪七八十年代的每4年1次;非洲、拉丁美洲由于天然林的大面积砍伐,水灾也频繁发生。(下篌《造林就是造水》)

提示 此谚也说“山上多栽树,等于修水库;雨天它能喝,旱天它会吐”“山上多栽树,等于修水库;雨多它能吞,雨少它能吐”等。据科学测验:一棵25年生天然树木每小时可吸收150毫米降水,22年生人工水源林每小时可吸收300毫米降水。相比之下,裸露地每小时吸收降水仅5毫米。林地的降水有65%被林冠截流或蒸发,35%变为地下水。在裸露地面,约有55%的降水变为地表水流失,40%暂时保留或蒸发,仅有5%渗入土壤。林地涵养水源的能力比裸露地高7倍。一片6000多公顷万亩面积的森林,相当于一个200万立方米的水库。

【山上毁林开荒,山下农田遭殃】

指山上毁坏树林乱开荒地,山下的农田就会遭受多种灾害。{例} 最后轮到村支书:“山上毁林开荒,山下农田遭殃。”小学校长认为大过年的说“遭殃”二字不吉利,说啥也要罚酒,刁乡长解围说:“莫罚莫罚,咱书记这是话粗理不粗,山上不毁林,农田就不会遭殃,不也就没了不吉利吗?”(寇占文等《邂逅“环保酒令”》)

【山上郁郁葱葱,山下畜壮粮丰】

畜(chù):六畜,马、牛、羊、猪、鸡、狗,也泛指各种家畜、家禽。指山上的林木苍翠茂盛,山下就会六畜肥壮、粮食丰收。{例}其他反映绿化促进农业发展方面的林谚有“水是农业的命脉,林是雨水的源泉”“山上郁郁葱葱,山下畜壮粮丰”。(金旺《绿化谚语趣说》)

【深埋硬砸,扁担也发芽】

扁担也发芽:树木成活率高的夸张说法。指栽树时把根埋得深些,把土砸得瓷实,成活率就高。{例} 朱德同志询问当地老乡:“河北种树,宜深宜浅?”老乡们说:“深些好,你们南方呢?”朱

德同志说:“我们四川人说,深埋硬砸,扁担也发芽!”(张宜清《革命前辈爱植树》)

【十年树木,百年树人】

种植树木需要十年的时间才能形成规模,而培育人才则需要一百年的时间。指人才培养比种树更漫长和艰巨。{例}你的种花,好似培植国民,明年就可以考验你培植的效果了。不过培植花草,一年就有效验,培植国民,至少须有数年。所以古人说:“十年树木,百年树人。”(《续孽海花》)|种树要订一个计划,如果每家种一百棵树,三十五万家就种三千五百万棵树。搞他个十年八年,“十年树木,百年树人”。(毛泽东《在延安大学开学典礼上的讲话》)

【树木不修剪,只能当柴砍】

指树木不经过修剪护理,就不会长成有用之材,只能当柴砍掉。{例}护木谚语:“树木不修剪,只能当柴砍”,“爱花花结果,惜柳柳成荫”。(张清海《护林》)

【树木成林,风调雨顺】

指树木长成林网,就能保证风雨适合农时。{例}“树木成林,风调雨顺。”……这些农谚反映了黑衣壮人对植树造林的认识,对绿化荒山、保护生态具有积极的意义。(周华等《农谚闪烁科技光》)

【水是农业的命脉,林是雨水的源泉】

指林业是促进水利和农业良性发展的基础。{例}“水是农业的命脉,林是雨水的源泉。”这是反映绿化促进农业发展的一句林谚,充分说明林—水—农三位一体,密不可分。(靳伟东《植树造林,功在未来》)

【松柏干死不下水,柳树淹死不上山】

指松柏树耐旱耐寒,柳树则不怕水淹。{例}“松柏干死不下水,柳树淹死不上山”“黄土枣树水边柳,一百能活九十九”。如果地质相反,不只是长不大,恐怕也没有成活率。(王松林等《南阳农谚与植树》)

【桃三李四,梅子十二】

梅子:梅树的果实,味酸,立夏后成熟。指果树从栽培到结果的时间长短不同:桃树需要三年,李树需要四年,梅树需要十二年。{例}谚曰:“白头种桃。”又曰:“桃三李四,梅子十二。”言桃

生三岁，便放华果，早于梅李，故首虽已白，其华子之利可待也。（宋·陆佃《埤雅·释木》）

【桃三杏四梨五年，大枣当年就还钱】

指果树从栽种到结果的时间不同：桃树需要三年，杏树需要四年，梨树需要五年，枣树当年就能见效益。{例}农民也想到了栽树"挣钱"，但他们却是栽果树——朝阳平顶大枣，一下栽了五万亩。农民说："桃三杏四梨五年，大枣当年就还钱。"（赵永春《"还林"咋算"效益账"？》）

提示 此谚还有"三年桃，四年杏""桃三杏四梨五年""桃三杏四梨五载""桃三杏四，枣树当年""桃三杏四梨五年，山楂快也少不了四年"等不同说法，意思大同小异。

【头有二毛好种桃，立不逾膝好种橘】

二毛：黑白相杂的头发，指代进入中老年时期。立不逾膝：身高不超过大人的膝盖，指代年龄很小。老人种桃树，生前就可以吃到桃子；小孩种橘树，到老了才能吃到橘子。指桃树结果快，橘树结果慢。{例}果中易生者莫如桃，而结实迟者莫如橘。谚云"头有二毛好种桃，立不逾膝好种橘"，盖言桃可待，橘不可待。（宋·朱弁《曲洧旧闻》）

【无林无木，山区不富】

指没有树林和木材，山区就不会富足。{例}"无林无木，山区不富。"对呀，这话像金子似的在她心里闪亮：怪不得兴隆一带的山区那么富足呢！（张峻《蝶恋花》）

【五月旱尽枣做底】

哪怕农历五月天再旱，只要有几棵枣树垫底，人就不至于饿死。指枣树耐干旱。{例}枣树，耐瘠薄，抗干旱，在那草不长、粮不收的旱塬山区却能顽强开花结实。在缺雪少雨、颗粒无收的灾荒年月，只要每家有几棵枣树，庄稼人一年的吃喝就有了着落。所以常言道：五月旱尽枣做底。（马金龙《围绕红枣搞开发》）

【向阳茶树背阳杉，栽树容易保树难】

指茶树适宜种在向阳的土壤里，杉树适宜种在阴面的土壤里；栽树成活相对容易，但保护树木成材就比较难了。{例}"向阳茶树背阳杉，栽树容易保树

难。”强调管护的重要性，只种不管，只会“植树造零”。（王松林等《南阳农谚与植树》）

【向阳好种茶，背阴好插柳】

茶：茶树。指朝着太阳的土地适宜种茶树，背着太阳的土地适宜插柳树。{例}培育茶园的经验古代积累，其主要有茶地选择、水土保持、中耕施肥、合理（适时）采摘、防治病虫等方面。湖地这方面的植谚较多：“向阳好种茶，背阴好插柳。”（钟伟今《湖州茶事谚语》）

【小树长歪能扶正，大树长歪做劈柴】

指扶正树木要趁小的时候，等到长大定型就难以矫正了，只好劈柴烧。也比喻小孩有缺点好纠正，长大后习以为常就难办了。{例}这正应了母亲的那句谚语：“小树长歪能扶正，大树长歪做劈柴。”小时候养成的良好习惯，能使人受益终生，不至于长“歪”成了“劈柴”。（卞毅明《母亲的农谚》）

【新为桐，旧为铜】

铜：旧称黄金。新砍伐的梧桐只做木头出卖，搁置的时间久了就能获得黄金的价钱。指梧桐以旧材为贵重，质地坚而轻，是制琴的好材料。{例}俚谚论琴：有梧桐，生子如簸箕；有花桐，春来开花，如玉簪而微红。二者虽皆可为琴，而梧桐理疏而坚，花桐柔而不坚，则梧桐胜于花桐明矣。今取旧材，但知轻者为桐，而不知坚而轻者为梧桐，无怪乎满天下无良琴也。俚谚曰：“新为桐，旧为铜。”盖指言梧桐也。（宋·赵希鹄《洞天清禄集》）

【杏花宜在山坞赏，桃花应在水边看】

山坞：山坳，山间的平地。指杏花点缀在山坳，桃花倒映在水里，是极美的景观。{例}这里的桃树与垂柳间种，树树桃花间柳花，产生了极有层次的景观效果。俗话是：“杏花宜在山坞赏，桃花应在水边看。”盈盈碧水映桃花，花光水影，娇艳欲滴。（高萱《春游总动员——桃红又见一年春》）

【眼前富，喂母猪；半辈富，务树木】

指栽树比喂猪效益长远。{例}我主张多栽树，没有听人说吗？眼前富，喂母猪；半辈富，务树木。还是多栽树好。（李東为

《南柳春光》)

【杨柳树搭着便生】

指杨树和柳树生命力很强，只要沾着土就能成活。{例}草木：杨柳树搭着便生。《韩非子·说林篇》："夫杨，横树之即生，倒树之即生，折而树之又生。"(清·翟灏《通俗编》)

【杨梅不吃夏季水】

指杨梅成熟在农历五月，一过夏至就凋谢了。{例}还有一些农谚，不光听起来有意思，想一想也挺有趣。如："杨梅不吃夏季水。"粤北的大山里，杨梅是人见人爱的深山野果珍品，杨梅的成熟期就在农历五月的芒种与夏至之间，过了夏至，杨梅也就谢了。(邹优群《节令·农谚·水》)

【阳桃无蹙，一岁三熟】

阳桃：也叫五敛子、五棱子。蹙(cù)：急促，紧迫。指阳桃不慌不忙，一年能结三次果。{例}《临海异物志》曰："阳桃，似橄榄，其味甜，五月、十月熟。谚曰：'阳桃无蹙，一岁三熟。'其色青黄，核如枣核。"(北魏·贾思勰《齐民要术》)

【杨要稀，松要稠，泡桐地里卧牛群】

卧牛群：株距较远的夸张说法。指杨树的株距要远，松树的株距要近，泡桐树的株距要更远些。{例}"杨要稀，松要稠，泡桐地里卧牛群。"农谚直接教给我们植树的方法。(王松林等《南阳农谚与植树》)

【要想风沙住，山上多栽树】

指山上多栽树木，能够有效地抵抗风沙。{例}村会计说："植树把林造，防沙又防涝。"乡长也没被难住："要想风沙住，山上多栽树。"最后轮到村支书："山上毁林开荒，山下农田遭殃。"(寇占文等《邂逅"环保酒令"》)

【椰子椰子，一年育苗，五年结子，十年成荫】

指椰子树从育苗到成材，至少需要十年的功夫。{例}常言说："椰子椰子，一年育苗，五年结子，十年成荫。"你老人家不知费了多少辛苦，洒下多少汗水，才栽培出来。(刘祖培《并非游戏·将军令》)

【一年青，二年紫，三年不斫四年死】

斫(zhuó)：用刀斧等砍削。

紫竹一年是青色，二年是紫色，三年还不砍就会死去。指紫竹要年年砍伐才能繁盛。{例}紫竹出江浙两淮,今处处有之。……《新安志》曰:“紫竹斫之益繁。”谚云:“一年青,二年紫,三年不斫四年死。”(元·李衎《竹谱详录》)

【一年之计，莫如树谷；十年之计,莫如树木】

计:计划,打算。树:种植。做一年的打算，最好是种植谷物；做十年的打算，最好是种植树木。{例}樊重欲作器物,先种梓漆,时人嗤之。然积以岁月,皆得其用,向之笑者,咸求假焉。此种植之不可已也。谚曰:“一年之计,莫如树谷;十年之计,莫如树木。”(北魏·贾思勰《齐民要术·序》)

提示 此谚出自《管子·修权》:“一年之计,莫如树谷;十年之计,莫如树木;终身之计,莫如树人。”末句指做长远打算,最好是培育人才。也说“一年之计,莫如种谷;十年之计,莫如种木”。

【一人种竹十年盛，十人种竹一年盛】

种:移植。盛(shèng):茂盛。一个人移植竹子，十年才能茂盛;十个人移植竹子,一年就能茂盛。指竹子适宜大面积移植。{例}谚曰:“一人种竹十年盛,十人种竹一年盛。”言须大科移置,方不伤其根也。若只二三干作一科,四面根皆斫断,安得有生气耶?(明·徐光启《农政全书》)

【移树无时,莫教树知】

莫:不要。指移植树木没有固定的时间，只要不伤根须,不要让树觉察到移动就能成活。{例} 凡移树不要伤根须，阔掘垛,不可去土,恐伤根。谚云:“移树无时,莫教树知。”(唐·郭橐驼《种树书》)

提示 此谚也说“移树无时,莫令树知”。

【樱桃好吃树难栽，不下苦功花不开】

樱桃:一种味甜或带酸的红色果实。比喻好事要办成不易。也比喻享受容易，创业艰难。{例}吃苦受累,必须摒弃不劳而获、一劳永逸的消极观点。俗语云:“樱桃好吃树难栽,不下苦功花不开。”天上掉馅饼的概率微乎其微,守株待兔的成功也只能是个案。对于我们绝大多数人而言,脚踏实地才是迈向成功的不

二法门。(周钰《吃苦受累方能成为时代的强者》)

提示　此谚也说“樱桃好吃树难栽,白饭好吃田难开”。据专家说:樱桃之所以难栽,是因为它既怕冷又怕热,既怕旱又怕涝,要求年降水量在600至700毫米之间,冬季温度不能低于-20℃,还容易遭受病虫害侵袭。

【有心栽花花不开,无心插柳柳成荫】

有的花木用心栽培反而不能成活,柳树却在不经意间长得枝叶繁茂,形成大片树荫。指柳树生命力很强。比喻刻意追求,事情往往不能如愿;顺其自然,反倒会意外地获得成功。{例}杨柳有强大的生命力。俗话说:“有心栽花花不开,无心插柳柳成荫。”柳条插土就活,插到哪里,活到哪里,年年插柳,处处成荫。(盖国梁《节趣·清明》)

提示　此谚早在元代就见于杂剧,如关汉卿的《鲁斋郎》二折:“着意栽花花不发,等闲插柳柳成荫。”也说“着意种花花不活,等闲插柳柳成荫”,后人多说“有意栽花花不活,无心插柳柳成荫”“特意栽花花不活,无心插柳柳成荫”等。

【云雾山中出好茶】

指云雾常年笼罩的山上气候湿润,所以能产出上好的茶叶。{例}俗话说“云雾山中出好茶”,是有一定科学道理的。青翠欲滴的茶树,因云雾“缠绕”,气温不高,温差较小,湿度颇大而使其叶芽柔嫩;同时,云雾深重,雨水不多又使叶质纯正。(蒋建春《江苏名茶——云雾茶》)

提示　云雾茶,产于江苏连云港的花果山,其色、香、形、味俱佳,独具“香高持久、绿润多毫、滋味鲜浓、汁多耐泡”的特点,与苏州的“碧螺春”、南京的“雨花茶”、无锡的“二泉银毫”齐名,被列为江苏的四大名茶。

【栽得一亩桑,胜过十亩粮】

指一亩桑树的收益,比十亩粮田的收益还大。{例}“桃三李四柑八年,木桐三年把本还”“栽得一亩桑,胜过十亩粮”,讲的是果树的收益,号召人们多种树。(王松林等《南阳农谚与植树》)

【栽树没巧,深刨实捣】

指栽树没有特殊技巧,只要把坑刨深、把土捣实就行。{例}小刘,我听说你们这里有句种树

口诀，说是“栽树没巧，深刨实捣”，对不对？（赵三文《朱总司令在太行》）

提示 此谚也说“栽树没巧，深埋实捣”。

【栽树在河畔，防洪保堤岸】

指在河边栽上树木，既能预防洪水，还能保护堤坝。{例}村妇女主任沉思了一会儿，说：“山上没有树，水土保不住。”小学校长张口就来：“栽树在河畔，防洪保堤岸。”村会计说：“植树把林造，防沙又防涝。”（寇占文等《邂逅“环保酒令”》）

【栽树种花，环境美化】

指到处栽上树木、种上花草，对美化环境有不可低估的作用。{例}如今，人们不仅对绿化植树的意义有了全新的认识，而且懂得了绿化对调节气候、保持水土、美化环境、抵御自然灾害、维护生态平衡等所起到的积极作用，于是，又产生了新的绿化谚语，如“栽树种花，环境美化”。（金旺《绿化谚语趣说》）

【栽一株，活一株，树林里面有珍珠】

珍珠：蚌等软体动物在贝壳内产生的具有艳丽光泽的圆形颗粒，可作装饰品或药材用。指栽树只要能保证成活率，树林就会给人们提供珍珠般的财富。{例}栽一株，活一株，树林里面有珍珠。山上多种树，等于修水库；雨多它能喝，雨少它能吐。（雷冰《植树谚语》）

【栽竹无时，雨过便移；多留宿土，记取南枝】

宿（sù）土：根部旧有的土壤。记取：记住。南枝：使枝条向阳。指栽种竹子不用选择一定的时节，雨后便可移栽；只要根部多留旧土，记住使枝条朝南向阳就行。{例}种竹不去筱，则林外向阳者二三年间便有大竹。谚云：“栽竹无时，雨过便移；多留宿土，记取南枝。”（唐·郭橐驼《种树书》）

提示 此谚也说“栽竹无时，雨下便移；多留宿土，记取南枝”。

【枣树三年不算死】

指枣树生根缓慢，移栽后三年不发芽，还能复活。{例}枣性硬，其生晚，芽未出，移恐难出，如本年芽未出，弗遽删除。谚云：“枣树三年不算死。”亦有而后生者。（明·王象晋《群芳谱·果

谱》)

【正月可栽大树】

指农历正月是栽树的最佳时期,树的成活率较高。{例}凡栽树,正月为上时。谚云"正月可栽大树",言得时则易生也。(北魏·贾思勰《齐民要术》)

【植树把林造,防沙又防涝】

指植树造林益处很多,既能抗风沙又能防雨涝。{例}村会计说:"植树把林造,防沙又防涝。"乡长也没被难住:"要想风沙住,山上多栽树。"最后轮到村支书:"山上毁林开荒,山下农田遭殃。"(寇占文等《邂逅"环保酒令"》)

【筑堤不栽树,风浪挡不住】

修筑堤坝却不栽植树木,就挡不住狂风巨浪。指筑堤必须栽树。{例}谚语道:"河边栽柳,河堤长久","筑堤不栽树,风浪挡不住"。大堤上的柳树不仅能够加固堤坝、美化环境,而且对保持水土、调节气候、抵御自然灾害、维护生态平衡等,都有积极的作用。(王吉海《游春记》)

【啄木鸟梆梆,害虫死光光】

梆梆:啄木鸟啄树皮的声音。指啄木鸟能吞食树中隐藏的害虫,保护树木正常生长。{例}"啄木鸟梆梆,害虫死光光。"……这些农谚反映了黑衣壮人对植树造林的认识,对绿化荒山、保护生态具有积极的意义。(周华等《农谚闪烁科技光》)

提示 啄木鸟是一种益鸟,我国各地均有分布。它的爪子弯曲锐利,尾羽轴粗硬,攀缘时能支撑身体。它的嘴强直如凿子,能啄开树皮,用舌钩吞食隐藏的害虫。

十、畜　牧

【不怕敞棚，就怕窟窿】

不怕敞开棚圈的风，就怕窟窿眼里的风。指窟窿眼的风往往被人忽视，容易伤害牲畜。{例}“不怕敞棚，就怕窟窿。”圈温低于5℃时，牛就会掉膘；圈温达到5℃，牛就能保膘；圈温达到8℃~10℃时，牛就可以增膘。（西农《保温》）

【不怕狂风一片，只怕贼风一线】

贼风：从小洞眼和缝隙里持续吹进的风。指大面积刮过来的狂风容易引起重视，好预防；从小洞眼和缝隙里持续吹进的风往往被忽视，从而对牲畜造成伤害。{例}“不怕狂风一片，只怕贼风一线”“六腊不长猪”“冬暖，夏凉，春秋温”，则突出养猪环境的舒适化。如今养猪，环境的好坏越来越凸显出来，养猪的环境性问题、环境性疾病日渐增多。（任泉《从养猪农谚谈养猪之道》）

提示　此谚也说“不怕片风，就怕贼风”。

【不怕千日用，只怕一日劳】

指用牛不怕天数多，最怕的是某一天劳累过度。{例}“不怕千日用，只怕一日劳。”用牛时绝不能急追猛赶，要不急不慢。开始下田时要慢，耕作快要结束时也要慢，中间要走得均匀，即“两头慢，中间稳”。要不打冷鞭，不转急弯。（王惠生等《从农谚看牛只的饲养管理》）

【不养猪和牛，田地像石头】

指不养猪和牛就不能积粪，地里没粪就会像石头一样不能长庄稼。{例}包老说，为了提高粮食产量，农业丰收，那就要充分培养土壤地力，大力增施有机质肥料，大力发展畜牧业生产。……“不养猪和牛，田地像石头。”（余

赛华《谚语大王——包永祺》)

【槽满饿死牛】

料槽过满反而会饿死牛。指喂牲口次数要多,每次的草料量要少。{例}上草料要少量多喂,俗话说“槽满饿死牛”,很有科学道理。(温辛等《山西民俗·牧业生产》)

【草膘料力水精神】

指牲口吃饱草料才能长膘,多加饲料才有力气,勤饮水才会有精神。{例}“你想啊——喂牲口,光有好料不中,还得有好草!有句老话‘草膘料力水精神’,花生能种上一年, 有了花生秧,草不就有了! 有了草,拴牲口支槽就不愁了!” 老人帮他出主意。(祝萌萌《焦裕禄》)

【草到料到,不如水到】

指让牲口多饮水比添加草料更重要。{例}“草到料到,不如水到。”——要解决牛严重缺水和喝冷水热能消耗的问题。(焦来魁《家有五头牛, 小康不发愁》)

【草是牛的命,无草命不长】

指草料对牛就像性命一样重要,没有草料就会危及牛的性命。{例}“草是牛的命,无草命不长。”现在不把青草贮足,到了冬天、春天,让牛吃什么? 开春还全凭它干活哩!(王利华《我跟爷爷学养牛》)

【吃草一撩, 喝水一瓢, 加料一勺】

指驴子好养活,吃草、喝水、加料都不需很多。{例}驴子有许多优点,“驴子是个怪,骑比拉上快”“吃草一撩,喝水一瓢,加料一勺”。(王森泉等《黄土地民俗风情录》)

【春寒冻死牛,春冷透骨寒】

指北方地区春天的寒冷足以冻死牛,应该加强预防。{例}春天有时天气晴朗, 则风和日丽,春光明媚;有时风雨夹雪,则冷风阵阵,寒气袭人,故有“春寒冻死牛,春冷透骨寒”之说。(杨德志《致命的感冒来自春寒》)

【春牛如战马,好坏在一冬】

指春耕的牛如同战马上阵一样,需要出大力;是好是坏,关键在于冬季的保养状况。{例}“春牛如战马,好坏在一冬。”牛只的饲养常常是夏饱、秋肥、冬瘦、春乏,而牛只的使役往往是在春耕、三夏、三秋的农忙季节。若冬季能保住膘,则春耕时就有

力；若冬季保不住膘，则春耕时就无力。（王惠生等《从农谚看牛只的饲养管理》）

【寸草铡三刀，无料也上膘】

指饲草铡得碎些，不用添加精料，牲口也会增膘。{例}“寸草铡三刀，无料也上膘。”秸秆下部粗硬部分应切去，上部可切成3厘米左右用于喂牛，切成1.5厘米左右喂马属动物和羊等。（吕纪增《巧用粗饲料，饲喂效益高》）

提示 此谚也说“寸草铡三刀，越吃越上膘”。

【打一千，骂一万，正月十六吃顿面】

俗指平时打骂牲口再多，到正月十六这天，也要让牲口吃喝休息。{例}十六这天，按风俗说是“老驴老马歇十六”。牲口辛辛苦苦干了一年，总得歇这一天。有些家还要给牲口做一顿面条吃。这叫作：“打一千，骂一万，正月十六吃顿面。”（李準《黄河东流去》）

提示 此谚也说“打一千，骂一万，正月十六吃顿饭”“打一千，骂一万，全仗五更黑间这顿饭”等。

【大猪要囚，小猪要游】

囚(qiú)：圈养。游：放牧。指大猪圈养好长肉，小猪放牧好长大。{例}“大猪要囚，小猪要游”，则是针对猪的生理特点进行相应管理的概括，仔猪和保育猪作为猪场弱势群体理应受到更好的待遇，否则其脆弱的生命力，难以经受任何风吹雨打。（任泉《从养猪农谚谈养猪之道》）

提示 此谚也说“肥猪要囚，小猪要游”“肥猪要囚，小猪要牧”等。

【冬冷皮，春冷骨】

冬季是表皮的寒冷，春季是透骨的寒冷。指春冷更要加强牲畜的保暖防护。{例}“冬冷皮，春冷骨。”入冬以后气候寒冷，如果草料缺乏，牛就会逐渐瘦弱，到开春更甚。因此，冬春季节更应注意防寒保暖措施。（曹筱《说农谚，谈饲养》）

【冬牛不患病，饮水不能停】

指冬季要想让牛不生病，就得给牛多饮水。{例}“冬牛不患病，饮水不能停。”牛在冬季圈养时，一定要补足清洁干净的水分。若缺水，则会导致牛患反刍缓慢、瘤胃积食、前胃弛缓、瓣胃

阻塞等疾病。每天给水一般为早、中、晚三次，温度以20℃左右为宜。（王惠生等《从农谚看牛只的饲养管理》）

【冬一日，年一日，好牛好马歇一日】

冬：冬至。年：春节。俗指冬至和春节的时候，要让牛马等大牲畜好好休息一天。{例}民间将冬至与年节同等看重，谚云："新冬旧年，过冬胜如过年""冬一日，年一日，好牛好马歇一日"。届时，士农工商放假休息，脚行停止运输，外出人等纷纷回家祭祖。（《离石县志》）

提示 此谚也说"冬一日，年一日，好骡好马歇一日""年一日，冬一日，老骡老马歇一日"等。

【二月羊，撂过墙】

撂（liào）：抛。指农历二月的羊往往因为冬季吃不上青草，瘦得能被人抛过墙头去。{例}一是保膘。这是春季羊只生产的最重要的基础条件，特别在以放牧为主或半放牧半舍饲条件下的牧区、半牧区尤为重要。"二月羊，撂过墙"的惨状随着舍饲的加强虽会逐渐减少，但在农区也是不容忽视的问题。（马章全《春季养羊要点》）

【隔年要犁田，冬牛要喂盐】

隔年：来年。指来年牛要耕田出大力，冬季应该给牛喂盐水。{例}"隔年要犁田，冬牛要喂盐。"食盐可以开胃、增强食欲、促进饲料的消化吸收，有利于健康。每天每头成年牛可给食盐50克，拌在精料或溶于水中饲喂。（王惠生等《从农谚看牛只的饲养管理》）

【耕地没有牛，不如花子头】

花子头：乞丐的头领。指耕地没有牛，单凭人下苦力，还不如当乞丐的头领舒服。{例}咱也明白你们干部这片好心！再说，耕地没有牛，不如花子头，你当我不想有头牛？（康濯《买牛记》）

【耕牛是黄金，家里一口人】

指耕地的牛是黄金般的宝贵财富，就像家里的一口人一样重要。{例}牛，是中国人民讴歌的形象。中国人在社会实践上是务实的，牛在人们心中是生活的长工。民谚：耕牛是黄金，家里一口人。牛是人类的功臣。（景克宁《绘画大师韩美林12生肖系列雕塑赏析·牛年赏牛》）

【耕牛为主遭鞭打】

耕牛看见狼来了，不让牧童睡觉，本来是为救主人，却遭到了鞭打。指牛是任劳任怨的。{例}罢！罢！罢！我倒做了耕牛为主遭鞭打，哑妇倾杯反受殃。(元·武汉臣《生金阁》)

提示 此谚也说“耕牛为主遭鞭杖”“耕牛为主遭鞭罪”等，出自民间故事：有个牧童在山坡上睡着了，来了一只大灰狼。老牛急忙把狼顶跑后用角触醒牧童；牧童看看没事，又蒙头大睡。不一会儿狼又来了，老牛二次把狼顶跑使劲蹭醒牧童；牧童却认为牛扰了自己的好梦，怒而将牛鞭打。老牛哀怨的叫声使他觉得反常，便装睡偷看四周，只见一只大灰狼步步逼近，老牛急促地准备抵抗。这下他明白了，刚才屈打了老牛，于是奋起打跑了狼，之后与牛的感情愈加深厚。由此传下一句话：耕牛为主遭鞭打。

【鸡鸡二十一，鸭鸭二十八】

指孵鸡需要二十一天，孵鸭需要二十八天。{例}鸡鸡二十一，鸭鸭二十八。注：鸡孵卵二十一日出雏，鸭则二十八日。鸡、鸭、一、八等字均读阴平。(《晋县志料》)

【鸡犬认得家】

犬：狗。指鸡和狗都能认得回家的路。{例}常语：“鸡犬认得家。”《楚汉春秋》汉高帝父太公迁居新丰，鸡犬自识还家。(清·郑志鸿《常语寻源》)

【家里养了兔，不愁油盐醋】

指养兔能解决买油盐酱醋的零花钱。{例}家里养了兔，不愁油盐醋。眉县养肉兔23000多只，比1985年增长3.1倍。(高永科《兔年兔多，眉县红火》)

【家牛要过冬，草料第一宗】

指要想让牛安全度过寒冬，备好草料是第一位的事情。{例}“家牛要过冬，草料第一宗。”进入冬季，草料缺乏，因而在入冬之前，必须将其备好。应备的草料主要有麦秸、稻草、谷草、豆秸、秕壳和各种藤蔓等。(王惠生等《从农谚看牛只的饲养管理》)

【犍牛不出槽，活宝变死宝】

犍牛：阉割过的公牛。出槽：出售。指犍牛养肥不出售，再宝贝也不能产生效益。{例}李家掌人说：“母牛不挤奶，变成活奶奶”，“犍牛不出槽，活宝变死宝”。他们养母牛有利可图，养公

牛仍效益不减。公牛育肥不到一年就可出售。(耿怀英《赶着"洋"牛奔小康》)

【九月重阳,放开牛羊】

重(chóng)阳:传统节日,在农历九月初九;古以九为阳数之极,故称"重阳"或"重九"。指秋季放牧要早出晚归,尽量延长时间,让牛羊吃足青草。{例}"九月重阳,放开牛羊",意思是说,秋天要早些出去,晚些归来,选择饲草丰盛的地方,尽量让牛多吃青草。这样才能增膘复壮,为过冬打好基础。(盛忠蕙《辨识畜牧谚语》)

【圈干槽净,牛儿没病】

指栏圈干燥,料槽干净,牛就不会得病。{例}"圈干槽净,牛儿没病。"早晨喂后,先将牛牵出,拴在桩上,让其反刍、休息和晒太阳;然后将圈舍和食槽清理干净,打开门窗,经过风吹日晒,使其变干。到下午临喂前,先给牛床垫上干燥的细黄土,再将牛牵入饲喂和过夜,夜间关闭门窗。(王惠生等《从农谚看牛只的饲养管理》)

【看马不看口,全凭几步走】

指看马的好坏不能光看口齿年龄,重点是看它走路时蹄腿如何。{例}牲口市场有牙行(经纪人),熟悉牲口口齿年龄、好坏,有相骡马的经验:"远看大,是筋马;远看小,是肉马","看马不看口,全凭几步走"。(王森泉等《黄土地民俗风情录》)

【栏干潲饱,猪儿不吵;着肉长膘,省得烦恼】

潲(shào):用泔水搅和成的猪饲料。栏圈干燥,潲水喂饱,猪就不会吵闹;长肉增膘,省去许多烦恼。指栏干潲饱是养猪的基本要求。{例}有道是:"栏干潲饱,猪儿不吵;着肉长膘,省得烦恼。"因此,河西乡里农家盖猪楼屋,料个猪栏,都爱争着请王木匠上门做功夫。(潭文波《王木匠料猪楼——撬口不开》)

【老大娘三件宝,闺女、外甥、鸡】

指鸡在农村老大娘的心中,和闺女、外甥一样珍贵。{例}下蛋的鸡是农村老大娘的宝贝。常言说:"老大娘三件宝,闺女、外甥、鸡。"为了伤员把鸡杀掉,这是多么深厚的军民关系。(赵树理《〈建国十年文学创作选——曲艺〉序言》)

【老牛力尽刀头死】

老牛用尽最后的力气,死后还要被杀掉吃肉。指牛的一生都在无私奉献。{例}牛是牺牲的,老牛力尽刀头死;牛是勇猛的,牛惊猛如虎;牛是慈善的,舐犊母子情。人们怜惜牛是耕地的哑巴儿子。(景克宁《绘画大师韩美林12生肖系列雕塑赏析·牛年赏牛》)

【雷打冬,十间牛栏九间空】

俗指冬天如果打雷,大部分牛会冻病而死。{例}“雷打冬,十间牛栏九间空。”你想,隆冬季节,还打雷下雨,这年的冬天必定是一个寒冷、多雨的冬天。野外叶落草枯,天寒地冻,去哪里放牧耕牛(过去农民养牛,主要靠野外放牧)?作为农家宝的耕牛,自然就遭罪了。(邹优群《节令·农谚·水》)

【羸牛劣马寒食下】

羸(léi):瘦弱。寒食:节名,在清明前一天;古人从这一天起,三天不生火做饭。指瘦弱的牛马常常在寒食节前后死去,需要加强调养。{例}服牛乘马,量其力能;寒温饮饲,适其天性;如不肥充蕃息者,未之有也。谚曰:“羸牛劣马寒食下。”务在充饱调适而已。(北魏·贾思勰《齐民要术》)

提示 这段话反映了我国早在南北朝时期就已经有了系统的畜牧业管理经验和理论。贾思勰强调畜养各类动物要依据动物的习性,按其天性进行管理。

【两头慢,中间稳】

指用牛干活在开头和结束时要慢,中间则要走得稳妥。{例}用牛时绝不能急追猛赶,要不急不慢。开始下田时要慢,耕作快要结束时也要慢,中间要走得均匀,即“两头慢,中间稳”。要不打冷鞭,不转急弯。(王惠生等《从农谚看牛只的饲养管理》)

【驴叫半夜,鸡叫天明】

指驴叫表明时间是半夜,鸡叫则表明天快亮了。{例}村里传来了驴叫声,云务本在自语:“驴叫半夜,鸡叫天明。离天明还有一阵哩!”(孙谦等《几度风雪几度春》)

【马笑唇,狗笑尾】

指马表示喜欢是用嘴唇打响鼻,狗表示喜欢是不停地摇尾巴。{例}古语说得好:“马笑唇,狗笑尾。”这是说不论马多么暴烈，见着你的面翻嘴唇拱你，跟你“突噜突噜”打响鼻，那么你就放心吧，它绝不会踢你……至于说到狗，不管多么厉害，见着你前窜后跳地直摇尾巴，那你放心吧，它绝不会咬你。（刘林仙等《薛仁贵征东》）

【马要好，吃夜草】

要想让马长得好，就得让它夜间多吃草料。指马不吃夜草就不能长膘。{例}到黑夜你能说不是睡觉的钟点吗？可是我不能睡，一黑夜总得爬起来三次喂牲口，“马要好，吃夜草”，看看，要不是我夜夜不睡，我们社里的牲口，能吃得滚瓜溜圆吗？（西戎《宋老大进城》）

提示　此谚常说“马无夜草不肥，人不得外财不富”“人无横财不富，马无夜料不肥”“人不发外财不富，马不吃夜草不肥”等，指人没有意外之财就不会暴富，就像马不吃夜草就不能长膘一样。

【马有三分龙性】

龙：传说中能兴云降雨的神异动物，为水族之长。指好马有三分龙的特性，非常机灵能干。{例}人说马有三分龙性。赤兔马是一双夜猫子眼睛，见有绊绳，忽儿腾空飞跃，忽儿俯身钻遁，一连越过了七道棕色绊马绳。（海帆《关公传奇·临沮回马》）

【马走一路，牛走一群】

指骡马行走喜欢成一线，驮牛行走喜欢成一群。{例}牛帮行走时与骡马不同，在宽阔的草原上，它们成群行走。俗言云：“马走一路，牛走一群。”驮牛一般二十头左右为一群。（黄红军《车马·溜索·滑竿》）

【买牛要买趴地虎】

趴地虎：也叫抓地虎，一种最适宜耕地的牛。指趴地虎是优种牛，耕地最得力。{例}人们看着这头大黄家伙，结结实实，浑身带劲，毛色又光又亮，屁股挺宽，前裆大后裆小，前蹄比后蹄高点子，实在好到了头，再挑不出毛病。老万道：“买牛要买趴地虎，你们看这像不？”（康濯《买牛记》）

提示　此谚也说“买牛要买抓地虎”。

【买猪仔，看娘种；买狗仔，看爷种】

仔（zǎi）：方言，幼小的动物。买小猪，要看母猪是什么品种；

买小狗，要看公狗是什么品种。指遗传因素不可忽视。{例}“买猪仔，看娘种；买狗仔，看爷种。”这句在我们乡里流行的话，是否有科学根据，暂不管它。但我们乡下养母猪的定要选择好小雌猪。架子高大的母猪，下的小猪多而且壮。（谢觉哉《关于相猪》）

提示 此谚与“狗看爷种，猪看娘种”是同义。据《谢觉哉日记》1943年10月7日记载：“养母猪和儿猪要注意‘狗看爷种，猪看娘种’，畜母猪定要选好的儿草猪才行。”

【卖牲不卖缰】

俗指卖牲口时不卖缰绳，买主须自带。{例}成交后照老规矩“卖牲不卖缰”，卖主要把笼头和缰绳解下，买主另拴绳索把牲口牵走。（曹振武《晋商习俗谈》）

提示 此谚也说“卖马不卖缰绳”“卖猪不卖绳”。

【满膘满吃，半膘半吃，没膘不吃】

指牲口吃得饱就能长满膘，吃半饱只能长半膘，吃不上就没有膘。{例}畜谚：满膘满吃，半膘半吃，没膘不吃。大牲畜冬季保膘最为重要，应多吃拌草、精料；多饮棉饼水或食盐水。（张雷《大牲畜严冬要管好》）

【民以食为天，牛以草为本】

指牛以草料为根本，这同人以粮食为第一是一个道理。{例}俗话说：“民以食为天，牛以草为本。”但在冬季，牛的饲料不足，怎么办？除青贮外，还要注意打山草。（西农《打山草》）

【母牛不挤奶，变成活奶奶】

活奶奶：称只能供养而不能干活的女人，带有嘲讽意味。指母牛要及时挤奶才能产生效益。{例}李家掌人说：“母牛不挤奶，变成活奶奶”，“犍牛不出槽，活宝变死宝”。他们养母牛有利可图，养公牛仍效益不减。公牛育肥不到一年就可出售。（耿怀英《赶着“洋”牛奔小康》）

【母牛生母牛，三年七头牛】

指母牛繁殖母牛，三年就能增加到七头。{例}“母牛生母牛，三年七头牛。”依照传统方法养牛，一般是二年生一胎或三年生二胎，最好的情况是母牛生母牛，三年二犋牛，如按科学方法养牛，三年可以达到七头牛。（西农《繁殖》）

提示 此谚也说“乳牛下乳

牛,三年五头牛”,乳牛:即母牛。

【母羊下母羊,三年五只羊】

指母羊繁殖母羊,三年就能增加到五只。{例}母羊下母羊,三年五只羊。只吃草不吃料,百十只羊一个人赶上就行,又省工又能积肥。(李束为《南柳春光》)

【牛吃百样草,样样都上膘】

指给牛喂草应该多样,营养全面才能肥壮。{例}“牛吃百样草,样样都上膘。”像苜蓿、灰条、甜苣、老来白,等等,多啦。吃得越杂,营养越全面,上膘越快。(相树丰《采风杂记》)

【牛吃食盐,胜似过年】

指给牛吃咸盐,比给它过年还高兴。{例}牛吃食盐,胜似过年。食盐是牛保证机体正常生理代谢活动不可缺少的物质,也是一种调味剂,具有刺激食欲促进消化的功效,还可以提高饲料利用率。每100千克体重用20~30克,一般成年母牛日食盐50~100克。(西农《补盐》)

提示 此谚也说“牛吃咸盐,胜似过年”。

【牛犊落地银三两】

一个牛犊生下来,就相当于有了三两银子。指小牛是农家的宝贵财富。{例}在古老的农耕生产方式中,牛是第一生产力,这一点可以从“三岁牛犊十八汉”的古谚中得到验证。所以农民认为“牛犊落地银三两”,是农家之宝。(景克宁《绘画大师韩美林12生肖系列雕塑赏析·牛年赏牛》)

【牛惊猛如虎】

指牛要是被激怒了,勇猛如同老虎。{例}牛是勇猛的,牛惊猛如虎;牛是慈善的,舐犊母子情。人们怜惜牛是耕地的哑巴儿子。(景克宁《绘画大师韩美林12生肖系列雕塑赏析·牛年赏牛》)

【牛跑一趟,一天白放】

指牛如果狂奔或者跑得太远,一天的放牧就没有效果。{例}“牛跑一趟,一天白放。”若放牧地太远,则会吃饱跑瘦。在放牛时,不要让牛狂奔。在采食时,应拦牛缓进。(王惠生等《从农谚看牛只的饲养管理》)

【牛食如浇,羊食如烧】

指牛用舌头卷食,啃过的植物就像水粪浇灌一样,会长得更茂盛;羊的嘴巴尖,吃时连根拔,啃过的植物如同火烧一样,影响生长。{例}凡草木经牛啖之必茂,经羊啖之必枯。故谚曰:“牛

食如浇，羊食如烧。”（明·郎瑛《七修类稿》）

提示 此谚也说“牛吃粪浇，羊吃火烧”“羊吃如烧，牛吃如浇”“羊吃麦苗将根烂，牛吃麦苗一大片”等。有个传说，财主家的羊吃了农民的麦苗，两家到县衙打官司。财主的状子上写着：“十冬腊月，地冻如铁；羊吃麦苗，撂点虚叶。”意思是没有造成什么损失。农民的状子上写着：“前腿扒，后腿蹬，羊吃麦苗如薅葱。”意思是说羊吃麦苗就像拔葱一样连根拔起。到地里一试，果真如此。

【牛有千架力，就怕一时急】

牛有上千斤的力气，但一旦逼急了反而一点都不动。指用牛不能急躁，得慢慢来。{例}韩大爷几乎每次牵出牲口都要叮咛一句：“牛有千架力，就怕一时急。你不管遇上什么情况，都不能用鞭子抽啊！”（蓝宁《饲养员的红色档案》）

【牛子三载不杀，自会耕地】

牛子：牛。三岁的牛只要不被杀掉，自己就会耕地干活了。指牲畜不可随意宰杀。{例}肖奉先心中不快道：“陛下，‘牛子三载不杀，自会耕地’。不依老臣之见，后患无穷！”（王中文《将军舞》）

【前腿放笆斗，后腿插只手】

笆斗：柳条编的盛器，底部半球形。指好牛的特征是前腿之间宽敞，后腿之间紧凑。{例}买牛没有什么诀窍，好牛作田人一眼就看得出。俗话说：“养猪要养荷包肚，养牛要养爬山虎。”你看这头牛，前腿放笆斗，后腿插只手；前腿之间宽，后腿之间窄，是好牛！（罗旋《南国烽烟》）

提示 民间流行的相关谚语还有“前裆放下斗，后裆放下手”“前膛宽，屁股圆，一定能用几十年”“前腿大开门，后腿小开门；蹄大圆硬又要深，四个蹄缝夹住针”等。

【禽有禽言，兽有兽语】

飞禽有飞禽的语言，走兽有走兽的语言。指低级动物也有自己的语言交流方式。{例}古云：“禽有禽言，兽有兽语。”众猴都道：“这股水不知是哪里的水。我们今日赶闲无事，顺涧边往上溜头寻看源流，耍子去耶！”（《西游记》）

提示 此谚早在元代就有，

如宫大用《七里滩》四折："俺那七里滩，好多好景致，麋鹿衔花，野猿献果，天灯自见，乌鹊报晓，禽有禽言，兽有兽语。"也说"兽有兽语，禽有禽言""人有人言，兽有兽语"。

【犬有湿草之义，马有垂缰之恩】

犬：狗。狗知道淋湿草地，使主人免遭火灾；马懂得垂下缰绳，帮主人爬出山涧。指牲畜也是有情有义的。{例}岂不闻犬有湿草之义，马有垂缰之恩。犬马尚然如此，你为人岂无报效乎？（明·徐仲由《杀狗记》）

提示 此谚出自两个典故：一是晋·干宝《搜神记》卷二〇记载：三国时有个叫李信纯的，一日醉卧城外草丛中，遇大火而不醒。他的爱犬往返奔跑至溪边，以身沾水，淋湿他周围的草地，使他免遭火灾。他醒后发现狗已累死在身边。二是宋·刘敬叔《异苑》卷三记载：前秦王苻坚和慕容冲打仗，败走时滚落到山涧里，爬不上来。他的战马就跪在涧边，垂下缰绳去，让苻坚攀着缰绳爬了上来，得以脱难。此谚还有"马有垂缰之意，羊有衔草之恩""马有垂缰之力，狗有守户之功""马有垂缰之意，犬有湿草之恩"等说法，都是指动物尚有情义，为人更该讲义气。

【人老凭饭力，马老凭草力】

指马老了凭多吃草料才能增长力气，就像人老凭吃饭增长力气一样。{例}老马和老人一样，人老凭饭力，马老凭草力。没喂上两个月，它拉住一张犁一溜风。（李準《黄河东流去》）

【人无饮食，精力难足；马无草料，寸步难移】

指人不吃不喝，就没有充沛的精力；马没有草料，就连一步都难移动。{例}自古道：人无饮食，精力难足；马无草料，寸步难移。真是人困马乏，力尽神疲矣。（《十把穿金扇》）

【人要补，吃猪蹄；田要肥，施猪泥】

人要补养身子，就多吃猪蹄；地要土壤肥沃，就多施猪粪。指猪的利用价值很多。{例}秀姑从灶间赶来，责备着丈夫："有话好好说，猪养得多没坏处，争什么？常言道，'人要补，吃猪蹄；田要肥，施猪泥'。"（谷斯范《畜牧场的故事》）

【人有困乏,牛有饥渴】

困乏:疲乏。就像人会有疲乏一样，牛也会有饥渴的时候。指对牲畜应该施行人性化的关爱。{例}牛也是生灵,不过是不会说话罢了。人有困乏,牛有饥渴,何况牛是农家的苦力,一天到晚重活累活都让它干。(刘平等《尧王选舜》)

【人有人语,马有马情】

指人用语言交流感情,动物也会用独特的方式表达情绪。{例}罗成赶紧上前,为马儿理了理鬃毛,真乃是人有人语,马有马情啊。(李振鹏等《五困瓦岗寨》)

【三分喂牛,七分用牛】

指牛的健壮三分在于喂养,七分在于使役,合理使役比喂养更重要。{例}"三分喂牛,七分用牛。"一方面要加强饲养,另一方面要合理使役。在某种程度上,合理使役比加强饲养更为重要。(王惠生等《从农谚看牛只的饲养管理》)

【三岁牛犊十八汉】

指三岁的小牛干活相当于十八岁的男子汉。{例}农耕文明是中国几千年的文化传统。在古老的农耕生产方式中,牛是第一生产力,这一点可以从"三岁牛犊十八汉"的古谚中得到验证。(景克宁《绘画大师韩美林12生肖系列雕塑赏析·牛年赏牛》)

【山上圈一圈,胜于喂一天】

指夏秋季节把牛在山上放牧，比喂一天草料效果还好。{例}夏秋季节,应坚持早4点至5点牛出坡，中午在山坡荒地休息。俗称"山上圈一圈,胜于喂一天",午后3点左右开放,下午8点左右收牧。(西农《放牧》)

【舍羊不舍草】

指春天牧羊时宁可不让羊吃饱,也要赶羊快走,以防嫩草被连根吃掉。{例}赶着它们一边吃一边快走，这叫"舍羊不舍草",又叫"春走"。一来叫羊们活动着发暖长劲,也少病痛;二来是草儿刚长起来,别让它们一下子吃绝了。(秦兆阳《老羊工》)

【牲口是半份家业】

指一头牲畜相当于农家的一半家产,地位非常重要。{例}大侄,你这办法可不行啊！一头碰到南墙上，只管修地耕地,没有好牲口怎么能行！牲口是半份家业,咱这些瘦牛,照今年这样

使唤，等不到秋天，就都爬不起来了。（李束为《南柳春光》）

提示　此谚也说“牲口是半份家产”“牲灵是农家的半份家当”。

【十月朝，放牛满山林】

朝（zhāo）：初一。指南方一些地区有十月初一让牛休息的习俗，散放在山野林间。{例}牛年：时间在十月初一。一般要做粉食给牛吃，挂在牛角，以示犒劳，称“犒牛会”。……是日不给牛拴缰绳，称“放闲”。谚有“十月朝，放牛满山林”。（乔继堂等《中国岁时节令辞典》）

【瘦牛瘦马，难过二月初八】

指农历二月初八气候异常寒冷，瘦弱的牛马需要加强保暖。{例}二月八日，似以是日必寒。谚云：“瘦牛瘦马，难过二月初八。”（《杭州府志》）

【刷拭牛体，等于加料】

拭（shì）：揩或擦。指经常给牛刮刷身体，相当于添加草料。{例}“刷拭牛体，等于加料。”经常用草把或帚把刷拭牛体，能使牛只舒适，牛体清洁，皮肤营养状况改善，血液循环增强，疾病减少。（王惠生等《从农谚看牛只的饲养管理》）

【顺风找牛，顶风找马】

指牛走路喜欢顺着风向，马走路喜欢逆着风向；如果丢失，可按这个规律寻找。{例}风大了，牛羊顺风跑，马顶风跑，不待错的。嘿，真是那么回事，“顺风找牛，顶风找马”，它们跑出去十来里地，可都找着了。（张天民《创业》）

【四月初八牛歇驾】

指瑶族的习俗是：农历四月初八让牛放下犁耙，休息一天。{例}“四月初八牛歇驾”，这是句瑶山流传悠久的谣谚。每年的这一天，人们不管春耕多忙，都要放下犁耙让耕牛休息一天。几岁的儿童都忘不了提醒大人：“今天是‘四月初八，牛歇驾’。”（吴彩虹《四月初八牛歇驾》）

【天行莫如龙，地行莫如马】

龙：我国古代传说中的神异动物，能兴云降雨。旧指天上行走的，没有比龙更快的；地上行走的，没有比马更快的。{例}中国有句老话：“天行莫如龙，地行莫如马。”是说马跑得快，人无法与它相比。因此历代战争中以“马为甲兵之本，国家之大用

也”。(王玉奎《马的趣闻》)

【同样草,同样料,不同喂法不同膘】

指喂养牲口的方法很重要,即使是同样的草料,肥壮程度也不一样。{例}管照牲口就跟管照小孩儿一样,它又不会说,更不会哭,你得细细揣摸它的寒暖饥饱。常言说得好:“同样草,同样料,不同喂法不同膘。”(李满天《水向东流》)

【铜驴、铁骡、纸糊的马】

比喻毛驴干活的耐力最强,骡子其次,马较差。{例}莒州小毛驴性情温顺,易管理,适应性强,耐粗饲料,抗病力强,群众有“铜驴、铁骡、纸糊的马”的评价。(贾敏《莒州小毛驴》)

【无牛不成农,无猪不成家】

指没有牛和猪,就不能成为农家。{例}包老说,为了提高粮食产量,农业丰收,那就要充分培养土壤地力,大力增施有机质肥料,大力发展畜牧业生产。……“无牛不成农,无猪不成家。”(余赛华《谚语大王——包永祺》)

【夏吃百种草,冬食贮青料】

贮(zhù):储存。指牛在夏天喜欢吃野外的各种青草,冬天则喜欢吃储存的青草。{例}实践中,他们积累了一套套具有李家掌特色的“养牛经”:“牛吃咸盐,胜似过年”“食盐尿素温温水,外加松针配合料,大牛小牛加母牛,千万不忘生长素”“夏吃百种草,冬食贮青料,天天肚儿圆,体壮又增膘”。(耿怀英《赶着“洋”牛奔小康》)

【夏天一口塘,冬天一铺床】

指牛在夏天得有个洗澡的池塘,冬天得有个暖和的圈舍。{例}“夏天一口塘,冬天一铺床”“养牛无巧,圈干食饱”。即牛在天热时应有个洗澡的池塘,天冷时应有个暖和的厩舍。饥寒饱暖,因而应将牛只喂饱。阴暗、潮湿的环境,易滋生细菌、病毒和寄生虫,因而应使圈舍保持干燥。(王惠生等《从农谚看牛只的饲养管理》)

提示 此谚还说“冬天要间床,夏天要口塘”。上文作者对“床”有更具体的解释:“‘冬天要间床,夏天要口塘。’水牛被毛稀疏,汗腺不发达,皮下脂肪薄,怕冷怕热。因而,在冬季要有暖床(给牛床每天垫上干黄土和铺上干褥草,压在其中的褥草、牛粪经生物发酵即可产热),以防寒保暖。在夏季要有池塘，以便水浴、散热消暑、加快恢复劳役后的疲劳以及避免虻蝇的骚扰。”

【鸭生蛋种田，鹅生蛋过年】

指鸭子在二三月春耕时开始下蛋，鹅在春节前后开始下蛋。{例}“鸭生蛋种田，鹅生蛋过年。”鸭于二三月生蛋，鹅于年底生蛋。（胡祖德《沪谚》）

【羊羔尚跪乳，慈鸦能反哺】

慈鸦：也叫慈乌，乌鸦的一种，相传此鸟能反哺其母。反哺：幼鸟长大后，衔食喂其母。羊羔吃奶时总要跪下前腿，小乌鸦长大后会给母鸦喂食。指羊羔和乌鸦都知道报恩尽孝。{例}为什么母女之情无半点？为什么战战兢兢难把罗袍脱？想那羊羔尚跪乳，慈鸦能反哺，人比禽兽能几何？（秦纪文《再生缘》）

提示　此谚还说“鸦反哺，羊跪乳”“羊羔跪乳，乌鸦反哺”“羊羔知道跪乳，乌鸦知道反哺”“羊羔有跪乳之情，乌鸦有反哺之恩”“乌鸦有反哺之孝，羊羔有跪乳之情”等。

【羊马比君子】

君子：品格高尚的人。指低级动物也通人性，像君子一样值得尊重。{例}他伸手到筛子里立即就捡出几根树枝和土疙瘩，“这东西不拣出来能行吗？羊马比君子，不能糟践它！”（李束为《南柳春光》）

提示　此谚还说“牛马比君子”。

【羊走十里饱，牛走十里倒】

指羊的体型小，走远路也能吃饱；牛的体型大，走远路就吃不消。{例} 俗话说：“羊走十里饱，牛走十里倒。”羊的饲养管理主要以放牧为主，羊体型小，行动灵活方便，采食速度快，在放牧时可随走随吃不影响采食，而牛体格较大，行动缓慢，放牧不宜远走。（西农《舍饲》）

【养牛为耕田，养猪为过年，养鸡养鸭为了换油盐】

养牛主要是为了耕田，养猪主要是为了过年吃肉，养鸡养鸭主要是为了换回买油买盐的钱。指发展畜牧业各有用途。{例}包老说，为了提高粮食产量，农业丰收，那就要充分培养土壤地力，大力增施有机质肥料，大力发展畜牧业生产。……“养牛为耕田，养猪为过年，养鸡养鸭为了换油盐。”（余赛华《谚语大

王——包永祺》)

【养羊种姜,子利相当】

子利:利息。指养羊和种姜有同等收益。{例}至春,择其芽之深者,如前法种之,为效速而利益倍。谚云:“养羊种姜,子利相当。”(明·徐光启《农政全书》)

【养猪不赚钱,回头望望田】

指养猪赚不了大钱,但猪粪下到田里,能使庄稼受益。{例}农谚说:“养猪不赚钱,回头望望田。”养猪的大目的是肥田,一料猪粪三料田,农民是从大处算账的。(原学让《账要翻过来算》)

提示 此谚也说“养猪不为钱,只为粪肥田”“养猪不赚钱,回头看看田”。

【养猪没巧,窝干食饱】

养猪没有特殊技巧,只要猪栏干净,猪能吃饱就行。{例}“养猪没巧,窝干食饱。”简短八字,道出养猪看似简单,却实非易事。要做到栏舍干燥卫生,饮食定时、定量、定质,并非所有养猪人都做得好,特别是规模化养猪,猪群密度大,更需要耐心调教,精心饲养。(任泉《从养猪农谚谈养猪之道》)

提示 此谚也说“喂猪没巧,栏干肚饱”“养牛无巧,圈干食饱”。

【养猪要养荷包肚,养牛要养爬山虎】

指养猪是肚子滚圆的好,养牛是前腿宽、后腿窄的好。{例}买牛没有什么诀窍,好牛作田人一眼就看得出。俗话说:“养猪要养荷包肚,养牛要养爬山虎。”你看这头牛,前腿放笆斗,后腿插只手,前腿之间宽,后腿之间窄,是好牛!(罗旋《南国烽烟》)

【要吃好,勤添草】

指要让牲口吃得好,就得勤添草料,少量多次,不能一次倒满槽。{例}要吃好,勤添草。草料上多了也不见得好。(刘江《太行风云》)

【要使牛长膘,多食露水草】

指要想让牛长得肥壮,应该让它多吃新鲜的青草。{例}父亲对牛视若宝贝,他说:“要使牛长膘,多食露水草。”一有空就牵着牛上南坡去,等牛的肚子圆了,才乐呵呵地回来。(乔盛族《平凡的父亲》)

【一千根稻草,比不上一根青草】

指对牛来说,干枯的稻草再多,也比不上青草的营养价值。

{例}“一千根稻草，比不上一根青草。”即在秋季要早出晚归，尽量延长放牧时间，要选择饲草丰盛的地方，尽量让牛多吃青草，以便增膘复壮，为过冬打好身体基础。（王惠生等《从农谚看牛只的饲养管理》）

【一夜冷风吹，三天草料尽】

指越是寒冷的季节，牲口需要的草料越多。{例}冬季，牛最忌寒风抽骨。农谚说得好：“一夜冷风吹，三天草料尽”，“不怕片风，就怕贼风”。（西农《保温》）

【一猪生九仔，连母十个样】

仔（zǎi）：方言，称幼小的动物。一头母猪生九个小猪，连同母猪是十个样子。指同类也是有差异的。{例}我国民间还有这样的说法：“一猪生九仔，连母十个样。”这句话形象地描述了亲代与子代之间，子代的个体之间总是或多或少地存在着差异，这就是变异现象。（高中理《遗传和变异》）

提示 此谚的引申义是：泛指一切事物的发展都会有差异。

【有料无料，四角拌到】

指饲料无论多少，都得把四个边角搅拌匀了。{例}他把铡短的麦草放在槽里，又洒了一碗盐水来回搅拌，最后撒了些玉米精料，一边搅拌一边说：“先草后料，先干后湿；有料无料，四角拌到。这就是经验。”（蒋文祥《牛大叔谈养牛》）

【有猪有牛，肥料不愁】

指有猪有牛就能积攒肥料，种地不用发愁。{例}包老说，为了提高粮食产量，农业丰收，那就要充分培养土壤地力，大力增施有机质肥料，大力发展畜牧业生产。……“有猪有牛，肥料不愁。”（余赛华《谚语大王——包永祺》）

【远看大，是筋马；远看小，是肉马】

筋马：筋骨强健的马。肉马：平凡的马。指相马时从远处看着大，就是筋骨强健的马；从远处看着小，就是平凡的马。{例}牲口市场有牙行（经纪人），熟悉牲口的口齿年龄、好坏，有相骡马的经验：“远看大，是筋马；远看小，是肉马。”（王森泉等《黄土地民俗风情录》）

提示 此谚出自北魏·贾思勰《齐民要术·养牛马驴骡》：“望之大，就之小，筋马也；望之小，就之大，肉马也。”

【远看一张皮儿，近瞧四个蹄】

指观察牲口的优劣，从远处主要是看毛色，到近处重点是看蹄腿。{例}在相马、相驴、相牛上还有不少谚语，如“远看一张皮儿，近瞧四个蹄”“前裆放下斗，后裆放下手”“前腿直似箭，力量大无限；后腿弯如弓，行走快如风”等。（钟敬文《中国礼仪全书》）

提示 此谚也说“先看四个蹄，后看一张皮”“上选一张皮，下选四个蹄”。

【早喂吃在腿上，迟喂吃在嘴上】

指养牛要提早补充饲料，腿上才会有劲；临时补充饲料，就来不及增膘。{例}“早喂吃在腿上，迟喂吃在嘴上。”牛只若在冬春饲养得不好，不是在使役期间临时进行补饲所能补救得来的，在使役期间的补饲，只能做到不再掉膘，而不易做到增膘。因此，凡是瘦弱的牛只，必须在使役之前的一两个月内，就补足营养，使牛身强力壮。（王惠生等《从农谚看牛只的饲养管理》）

【种庄禾要有牛，耍把戏要有猴】

指种庄稼必须有牛，就像旧时艺人走街串巷演杂技必须有猴子一样。指牛是种庄稼不可缺少的帮手。{例}咱这些瘦牛，照今年这样使唤，等不到秋天，就都爬不起来了。俗话说：“种庄禾要有牛，耍把戏要有猴。”种地全凭牲口哩。（李束为《南柳春光》）

提示 此谚也说“种地要有牛，耍把戏要有猴”。

【猪困长肉】

困：睡觉。猪吃了睡，睡了吃，就能长一身肥肉。{例}观察天然界所得之谚语以在中国为多。……关于畜牧者，如养马谚“旦起骑谷，日中骑水”“羸牛劣马寒食下”，养猪谚“猪困长肉”等。（郭绍虞《谚语的研究》）

提示 此谚常同“人困卖屋”连用，告诫人不可贪睡懒惰，否则就会穷得把房产都卖掉。如清·王有光《吴下谚联》卷二：“‘猪困长肉，人困卖屋。’猪受人豢养，不劳心，不劳力，一困恬然，而能事毕矣，焉得不长肉乎？乃有人焉，见猪之受用便宜，羡之慕之，从而效之，不劳心，不劳力，犹是一困恬然，意盖冀其肉之长也，然而卖屋矣，须知废时失事，生计全荒，断无不破产者。”也说“猪困长膘，人困长肉”。

【猪买一张嘴，牛马四条腿】

买猪主要看嘴的特征，买牛和马主要看腿的特征。指猪能吃就好，牛马能跑就好。{例}咸丰农村几乎家家喂猪。农民常年养猪不断，并且有世代相传的选种口诀。这些口诀有“嘴上三道箍，鼻孔空大尾根粗”“条杆硬气尾根粗，前方后圆冬瓜肚，长猪短马高脚牛，弯脚黄牯直脚猪”“猪买一张嘴，牛马四条腿”等。（李德复等《湖北民俗志》）

【猪婆子到老一刀阉】

猪婆子：南方人称母猪。阉(yān)：割掉卵巢。指母猪长到多大都得被阉割，最后供人吃肉。{例}架子高大的母猪，下的小猪多而且壮。“猪婆子到老一刀阉”，好的老母猪阉后，积膘快，可以长到二三百斤的肉。（谢觉哉《关于相猪》）

【贮草如贮牛，保草如保粮】

贮(zhù)：储存。储存青草如同储存牛，保存青草如同保存粮食。指贮草是养牛、产粮的必要条件之一。{例}“贮草如贮牛，保草如保粮”“草是牛的命，无草命不长”。若夏秋青草期没有贮足草，则冬春枯草期就会缺草吃，从而导致牛只冬春乏瘦或死亡。（王惠生等《从农谚看牛只的饲养管理》）

十一、时　令

【白露点秋霜】

白露：秋天的露水。指秋天的露水降过两三次之后，植物就像遭受了霜冻一样。{例}作物受到这种冷凉白露的刺激，叶子由绿变黄。所以，农谚说："白露点秋霜。"就是说降过两三次白露之后，庄稼像遭受了一场秋霜的危害一样。（梁全智等《古今中外节日大全·白露》）

提示　此谚中的"白露"，不同于二十四节气中的"白露"。

【不冷不热，五谷不结】

五谷：通常指稻、黍、稷、麦、豆，泛指粮食作物。指没有四季气候的冷暖变化，庄稼就不能生长成熟。{例}乡亲们坚守着这片土地一眨眼就是几千年，他们知道不冷不热，五谷不结，洪灾过后来年一定是丰年。（周碧华《乡村哲学》）

【出九三日霜，大麦一把糠】

九：数九。大麦：植株像小麦，叶稍短而厚，主要供酿酒、制麦芽糖和麦片等，也可作饲料。指出了数九天还降三日霜，大麦就会减产，只能剩下一把糠皮。{例}古代没有天气预报，人们根据长期的实践经验，编出了不少"数九歌"来描述数九期间冷暖的变化以及农事活动。比如："出九三日霜，大麦一把糠。"（李德复等《湖北民俗志》）

提示　古人把冬至后的八十一天分成九个时段，每个时段为九天，并依次定名为头九、二九、三九，一直数到九九。三九和四九期间，是最冷的时期，而最末一个九天即九九期间，已经到了三月"惊蛰"时节，气候转暖，人们称作"九九艳阳天"。

【初伏有雨，伏伏有雨】

初伏：也叫头伏，从夏至后第三个庚日算起。指初伏的十天如果有雨，中伏、末伏就都会下雨。｛例｝大暑是一年中最热的节气，比小暑还热，所以称之为大暑。在这个节气雨水多，谚语说："头伏萝卜二伏荞，三伏里头种白菜"，"初伏有雨，伏伏有雨"。（冯理达《大暑时节话养生》）

提示　夏至后第三个庚日是初伏第一天，第四个庚日是中伏第一天，立秋后第一个庚日是末伏第一天。初伏一般在7月12日至22日之间，中伏在7月23日至8月1日之间，末伏在8月8日至18日之间。初伏和末伏各固定为十天，中伏视交伏早晚，十天或二十天不等。

【春风入骨寒】

入骨：形容达到极点。指北方初春的风还是相当寒冷的。｛例｝我的朋友小孙说，尽管当时是三月份，但外面还是挺冷。我说，春风入骨寒。小孙说，对。（阿成《丙戌六十年祭》）

【春寒料峭，冻死年少】

料峭（qiào）：形容微寒。指北方的初春虽然是微寒，有时却比冬天还冷。｛例｝春寒胜过冬寒。湿漉漉的空气里，风冷如刀锋，透过层层的冬装，刺进人的肌骨，故而有"春寒料峭，冻死年少"的说法。上海也有"冬寒不算冷，春寒才是冷"的谚语。（王鸣光《春寒识柳色》）

【春时一刻值千金】

指春季的每一时刻都像千金一样珍贵。｛例｝荆州城中的大街上人流熙熙——春时一刻值千金，赶早儿办事的人，无论是为生计还是应差，莫不步履匆匆。（熊召政《张居正》）

提示　此谚也说"春来一刻值千金"，出自宋代苏轼的《春夜》诗："春宵一刻值千金，花有清香月有阴。"微妙区别在于"春宵"，指春天的夜晚。

【春秋大慷慨，绣女下床来】

慷慨：情绪激昂。绣女：从事刺绣的妇女。指春耕、秋收大忙时节，大家都情绪激昂地干活，连平常不出绣房的妇女也得参加劳动。｛例｝在春耕、秋收大忙时节就没有这些今日"不该这个"、明日"不该那个"了。俗话说："春秋大慷慨，绣女下床来。"（温辛等《山西民俗·

信仰禁忌》）

【春天孩儿脸，一日变三变】

指春天的气候，就像小孩时哭时笑的表情一样变化无常。{例}俗话说："春天孩儿脸，一日变三变。"不是么，早晨旭日东升，春风送暖；中午或许阳光暴晒，气温骤升，但下午可能寒流突袭，气温骤降。（鲍娜《初春，谨防春寒侵袭》）

提示 此谚也说"春天孩儿面，一日变三变""春天猴儿面，一日变三变"。

【从九往前算，一日长一线】

九：冬至过后"数九"。指从冬至开始数九，一直往前推算，白天的时间会逐渐延长。{例}冬至一过，便算"交九"，又称"数九"。谚云："从九往前算，一日长一线。"冬至这天，太阳直射南回归线，从这天开始，又要往北一点点移动了。（周简段《数九话寒天》）

【大寒无过丑寅，大热无过未申】

丑寅（yín）：农历十二月和一月，恰好包括了每年最冷的三九天。未申：农历六月和七月，恰好包括了每年最热的三伏天。指最寒冷的气候没有超过腊月和一月的，最炎热的气候没有超过六月、七月的。{例}十二月谓之大禁月。忽有一日稍暖，即是大寒之候。谚云："一日赤膊，三日龌龊"，"大寒须守火，无事不出门"。又云："大寒无过丑寅，大热无过未申。"（明·徐光启《农政全书》）

提示 此谚也说"大暑无过未申，大寒无过丑寅"。

【地冻车轮响，蔓菁萝卜才在长】

蔓菁（mánjīng）：南方叫芜菁，块根可做蔬菜。指伏天种植的块茎类蔬菜，到土地上冻时才正经生长。{例}小麦、甜菜、蔓菁、萝卜等，气温即使降到-6℃-5℃，也很少受冻害。相反，水蒸气凝结时能发出大量的热。这样大量潜热，既能缓和气温下降的速度，也能减轻植物冻结的程度，所以，有的农谚说："地冻车轮响，蔓菁萝卜才在长。"（梁全智等《古今中外节日大全·霜降》）

【第一莫贪头九暖，连绵雨雪到冬残】

头九：从冬至后数起的第一个九天。指第一个"九"要是暖和，连绵不断的雨和雪就会一直延续到冬季结束。{例}累计无数世代的经验,中国人发现如果起头九天暖和,则跟着来的整个冬天都会特别冷。俗谚有"头九暖,九九寒""第一莫贪头九暖,连绵雨雪到冬残"。(盖国梁《节趣·腊八》)

【冬不寒,腊后看】

冬天是不是寒冷,过了腊月才知道。指腊月往往是一年中最冷的时候。{例}新罗国智异山和尚,一日示众曰:"冬不寒,腊后看。"便下座。(宋·普济《五灯会元》)

【冬天身子懒一懒,来年庄稼准减产】

冬季如果偷懒,来年的庄稼一准会减产。指冬闲时应该为来年的农事做好准备。{例}庄户人家有句话:"冬天身子懒一懒,来年庄稼准减产。"所以,我们要发展市场农业,做好冬天里的农事、农活就显得格外重要了。(都吉生《来年之计在于冬》)

【二八月,乱穿衣】

指北方地区农历二月和八月气候不稳定,人们的衣着有厚有薄,差别很大。也指冷热交替时期,应该随时增减衣物。{例}春季是大气环流调整期,天气多变是正常现象,华北地区素有"春不忙减衣""二八月,乱穿衣"的说法,说的就是春季冷暖空气交替频繁,气温变化无常的特点。(晓炜《乍暖还寒,不忙减衣》)|现在大家都知道"二八月,乱穿衣"这句话,许多人以为"乱"是"随便"的意思,其实不是。母亲早就告诉过我,二八月骤寒骤暖,"乱穿衣"是指注意随时增减衣物。(朱晓岚《母亲的养身谚语》)

提示 此谚也说"三九月,乱穿衣"。

【二月休把棉衣撤,三月还有梨花雪】

休:不要。撤:脱。指北方在农历三月梨花开放的时候还会下雪,不可过早脱掉棉衣。{例}中国有句老话:"二月休把棉衣撤,三月还有梨花雪","吃了端午粽,再把棉衣送"。这是说出了"捂"的大致时间。医疗气象学家发现,感冒、消化不良,在冷空气到来之前便捷足先登;青光眼、心肌梗死、中风在冷空气到来时也会骤然增加。(徐洪志《"春捂"怎么捂》)

提示 此谚也说“二月休把棉衣撇,三月还有梨花雪”“二月别把棉衣拆,三月还下桃花雪”。

【伏不掩籽】

伏:三伏,从夏至后第三个庚日起入伏。指大秋作物在入伏后播种已经晚了。{例}金虎娘说:“好地也罢,坏地也罢,今年反正没有指望了!咱这地方的俗话说:‘伏不掩籽。’现在已经入了‘头伏’五天了,还种什么庄稼!”(赵树理《灵泉洞》)

【伏天锄破皮,抵住秋后耕一犁】

指三伏天即使浅锄地,也抵得上立秋后耕地的效果。{例}“伏天锄破皮,抵住秋后耕一犁。”因为伏中多雨,锄过之地能吸收多量水分,禾苗得益无穷。(郭晋民《一带江山如画》)

【该热不热,五谷不结;该冷不冷,人生灾病】

五谷:通常指稻、黍、稷、麦、豆,泛指粮食作物。该热的时候不热,庄稼就不能成熟;该冷的时候不冷,人就会生疾病。指气候反常,对庄稼、对人体都不利。{例}酷热,也并非坏事,老百姓对此有辩证的看法。民谚说:“该热不热,五谷不结;该冷不冷,人生灾病。”风雨雷电,寒来暑往,自然界的这些规律性的变化,人和万物都是离不开的。只是过则成灾,适宜为福。(邹南《酷热之日——大暑》)

【过了七月半,人似铁罗汉】

罗汉:佛教称已经断除烦恼、超出三界轮回的尊者。指熬过农历七月中旬,承受了炎暑的磨炼,人体会像铁铸的罗汉一样结实;也指眼看丰收在望,心情就像大肚罗汉一样没有烦恼。{例}“过了七月半,人似铁罗汉。”谓酷暑已退,可望秋收,农人有恃也。(清·梁章钜《农候杂占》)

提示 此谚也说“过得七月半,便是铁罗汉”如清·李渔《闲情偶寄·颐养部》:盖一岁难过之关,唯有三伏,精神之耗,疾病之生,死亡之至,皆由于此。故俗语云“过得七月半,便是铁罗汉。”非虚语也。也说“过了七月半,人人都是铁罗汉”如清《孝感县志》语云:“过了七月半,人人都是铁罗汉。”言从伏内炼出也。

【过了七月半,一日短一线】

指农历七月进入夏至后,白天的时间会越来越短。{例}七月：僧家为“盂兰会”，撞幽冥钟，俗又谓之过“鬼节”。谚云：“年小月半大，神鬼也放三日假。”又云：“过了七月半，一日短一线。”（《长阳县志》）

【节令不骗人】

节令：某个节气的气候和物候。指到了什么节气，就会有什么样的气候，一点不会差。{例}冯承祖道：“是啊，我也是这么想。真可谓英雄所见略同。德厚叔，以后恐怕有好多事要拜托你……哦，今天天气多暖和，真是节令不骗人！”（马烽《玉龙村纪事》）

提示 此谚与“节令不饶人”“节令不等人”虽是一字之差，但意思变了，着重强调气候的冷暖变化。

【节气不等人】

节气：古人根据昼夜的长短、中午日影的高低等，在一年的时间中定出二十四个点，每一点叫一个节气。节气不会等待某一个人。指农活时效性很强，必须按节气操作。{例}金寿说：“这么一片片地还愁种不下？让家鹤他们星期天回来种。”乔玉霞说：“看你说的，你敢不知道节气不等人？”（孙谦《队长的家事》）

提示 此谚还说“节气不饶人”“节令不饶人”“节令不等人”“时令不等人”“时令不饶人”等，都是老百姓的口头语。

【紧持庄稼，消停买卖】

消停：从容不迫。指种庄稼讲究不误节令，农忙时就得紧张起来；做买卖讲究耐心持久，可以从容不迫。{例}俗语说“紧持庄稼，消停买卖”“节令不饶人”。眼看已经立秋，海老清怕误了农时，一夜小雨过后，第二天早上，他就套上老骟马和毛驴，到地里犁地去了。（李凖《黄河东流去》）

提示 此谚也说“紧趁庄稼，消停买卖”“紧张庄稼，消停买卖”“紧细的庄稼，要要的买卖”“消闲买卖，紧张庄稼”等。

【九尽寒尽，伏尽热尽】

九：从冬至数起每九天为一个“九”，一直数到九“九”为止。伏：初伏、中伏、末伏的统称。指数九天结束后，寒冷的气候也就随着结束；三伏天结束后，炎热的气候也就随着结束。{例}俗冬至夏至，俱有俚词。又云：“九尽寒尽，伏尽热尽。”（明·冯应京《月令广义·岁令》）

提示 此谚还说“九尽寒，伏尽热”。

【九尽杨花开，农活一起来】

指数九天结束后杨树开花了，地里各种农活就得全面铺开。{例}“九尽杨花开，农活一起来。”现在还是“九九艳阳天”，不管听到雷声的地方，还是没有听到雷声的地方，都在忙活起备耕、春耕、春播了。真是“田家几日闲，耕种从事始”。(邹南《春雷始动——惊蛰》)

【九月田洞金黄黄，十月田洞白茫茫】

田洞：方言，指田野。指九月是庄稼成熟的季节，田野里一片金黄色；十月收割完毕，田野里一片白茫茫。{例}重阳节过去，转眼又是十月小阳春，“九月田洞金黄黄，十月田洞白茫茫”，到了十月，田洞的秋禾也全收了。(吴有恒《山乡风云录》)

【腊七腊八，冻死寒鸭】

腊七腊八：腊月初七、初八。寒鸭：寒天的乌鸦。指北方地区到腊七腊八的时候气候就寒冷了，连在野外生活的乌鸦都受不了。{例}今儿敢则腊八了，京城里的话：“腊七腊八，冻死寒鸭。”今年怎么这偏暖，连大毛还穿不住。(《红楼真梦》)

提示 此谚还说“腊七腊八，冻煞麻雀”“腊七腊八，冻死王八”等。周简段的《腊月京城有鲜花》描述更细：“北京的腊月，天气最冷。谚云：‘腊七儿，腊八儿，冻死寒鸭儿；腊八儿，腊九儿，冻死小狗儿；腊九儿，腊十儿，冻死小人儿。’”

【腊月冻，来年丰】

指腊月有雪冻，利于来年小麦丰收。{例}一个有点驼背的干瘦老头，看那人立马雪中，似乎过意不去，从茅檐下走出来赔着笑脸说：“这雪是下得不错啊，‘腊月冻，来年丰’。”(蒋和森《风萧萧》)

【腊月老婆六月汉】

指腊月妇女准备年货最忙，六月男人收割麦子最累。{例}俗话有“腊月老婆六月汉”之说。母亲在年根儿是最忙碌、最辛苦的人了。一进腊月，母亲就要淘粮食磨年面。(刘八忍《石磨》)

【冷暖有季，节令无情】

节令：某个节气的气候和物候。指季节的变化有冷有暖，节令的征候不讲情面。{例}一周前

天气预报就说有霜冻，想不到今天的霜已下得这般惨了！真是冷暖有季，节令无情哪。（管喻《霜天野花》）

【冷是私房冷，热是大家热】

私房：各自的住宅。指寒冷的时候，有人觉得冷，有人不觉得冷；炎热的时候，所有人都会觉得热。{例}常言说：冷是私房冷，热是大家热。兄弟，你只消静坐一回，自然生凉，何必躁暴？（《飞龙全传》）

【冷在三九，热在三伏】

三九：从冬至数起每九天为一个“九”，一直数到九“九”为止；“三九”指冬至后的前三个九天，也特指第三个九天。三伏：初伏、中伏、末伏的总称；也特指末伏。指一年的气候属三九天最冷，三伏天最热。{例}“冷在三九，热在三伏。”乔柏年走到宣武门时，已经大汗淋漓了。（凌力《少年天子》）

提示 此谚还说“冷在三九，热在中伏”“热在三伏，冷在三九”等。

【六月不热，五谷不结】

五谷：稻、黍、稷、麦、豆，泛指粮食作物。指农历六月如果天气不热，粮食作物就不能结籽成熟。{例}谚云：“六月不热，五谷不结。”老农云：“三伏中，稿稻天气，又当下壅时，最要晴。晴则热。”故也。（明·徐光启《农政全书》）

【六月盖夹被，田里不生米】

指农历六月炎热是正常的，如果凉到睡觉需要盖夹被的程度，地里的庄稼就不会有收成。{例}“六月盖夹被，田里不生米。”言天气凉则雨多水大没田也。《明诗综》亦用此谚。（清·梁章钜《农候杂占》）

提示 此谚也说“六月被，田无米”“六月盖被，田中无米”，明·徐光启《农政全书》谚云：“六月盖夹被，田里无张屁。”

【六月六，晒得鸡蛋熟】

指农历六月初六，南方天气非常炎热，几乎能把鸡蛋晒熟。{例}时当六月上旬，天时炎热，江南民谚云：“六月六，晒得鸡蛋熟。”火伞高张下行路，尤为烦苦。两人只在清晨傍晚赶路，中午休息。（金庸《射雕英雄传》）

提示 此谚还说“六月六，晒得鸭蛋熟”。

【每逢白露花儿蔫】

蔫:(花草)枯萎。白露:白色的露水。指花木遭遇秋天的露水浸渍后,颜色就不鲜艳了。{例}农谚说“白露点秋霜”,就是说降过两三次白露之后,庄稼像遭受了一场秋霜的危害一样。俗话也说:“每逢白露花儿蔫。”(梁全智等《古今中外节日大全·白露》)

提示 此谚中的“白露”,不同于二十四节气中的“白露”。

【棉花入了伏,三日两天锄】

伏:三伏,从夏至后第三个庚日起入伏。指华北地区棉花入伏后进入盛花期,要及时中耕锄草。{例}华北:棉花进入盛花期,及时中耕锄草,整枝打顶。“棉花入了伏,三日两天锄”“六月六,打棉头”。其他作物抓紧消灭杂草,防治病虫害。(梁全智等《古今中外节日大全·小暑》)

【明不过八月,黑不过腊月】

指农历八月白天时间长,入夜后还觉得明亮;腊月白天时间短,刚入夜就觉得黑暗。{例}“明不过八月,黑不过腊月。”这腊月的夜晚,她独自在人生地不熟的地方寻找住户的门,拐一巷又转一弯,路上冰滑石头绊,连摔几跤,还差点跌入井池。(肖文辉《花素自有芳》)

【七九河开,八九雁来】

七九:从冬至日数起第七个九天。八九:从冬至日数起第八个九天。到了七九时,冰河就解冻了;到了八九时,大雁就飞来了。指七九、八九是冬季的末尾,有了迎春的气息。{例}七九河开,八九雁来。转眼残冬将尽,远望向阳坡,已隐隐腾起一层淡淡的绿雾。(孙春平《古辘吱嘎》)

提示 节气文化是我国独特的产物,越来越受到国外的关注,如周简段《“九九歌”与花信风》中记载:“日本前首相中曾根在北京大学讲演时,提到中国的‘七九河开,八九雁来’,由此我想到自古以来,代代相传的天文、气候、气象等知识。”此谚还说“七九河开,八九燕来,九九八十一,家里送饭外头吃”。

【秋风凉,庄稼黄】

指秋风凉爽时,正是庄稼成熟收获的季节。{例}在民间,秋天是欢乐的。农人面对的,是即将到手的丰收的果实,“秋风凉,庄稼黄”“七月核桃八月梨,九月

柿子乱赶集”。(邹南《天朗气清——白露》)

【秋风起,秋风凉,一场白露一场霜】

白露:白色的露水。秋风吹起,渐渐有了凉意,降过一场露水之后,还会降下一场冷霜。指凉风、白露、冷霜都是秋季的特征。{例}秋风起,秋风凉,一场白露一场霜。碧纱翅膀的呱嗒扁儿大蚂蚱甩子在草梗上,夜晚秋虫唧唧,流萤四起。(刘绍棠《烟村四五家》)

提示 此谚中的“白露”,不同于二十四节气中的“白露”。

【秋寒如虎】

指秋末的寒气像老虎一样厉害,能把人冻坏。{例}“秋寒如虎。”他想了一想,便从放在地下的包裹里拿出一件黑布夹短褂,给万先廷披上。(陈立德《前驱》)

提示 此谚与“秋阳如老虎”形成反义。

【秋后一伏,热死老牛】

伏:三伏,初伏、末伏各十天,中伏十天或二十天不等。指立秋后还有一个末伏,气候仍然炎热,连老牛都忍受不了。{例}立秋后,天气仍很热,河东民谚:“秋后一伏,热死老牛。”不过立秋后老百姓说可分前后晌,即早晚凉,中午热。(王森泉等《黄土地民俗风情录》)

【秋麦猫猫腰,强似冬天折了腰】

猫腰:方言,指弯腰。指收秋种麦时在地里干活多弯腰,比冬天干活累断了腰工效高。{例}红眼老婆听见叫他们大龙跑,就絮絮叨叨起来:“二青啊!抢秋夺麦呀,秋麦猫猫腰,强似冬天折了腰。俺这孩子老实巴交的,可比不上你们机灵。”(李英儒《战斗在滹沱河上》)

【秋阳如老虎】

秋阳:秋天的太阳。指立秋以后,还会有一段酷热气候,像老虎一样厉害。{例}秋阳如老虎,虽是八月底了,天气还很热,加上没有风,愈加感觉室闷。(程树榛《钢铁巨人》)

提示 此谚还说“秋老虎咬人”。

【人误地一时,地误人一年】

指农作物节令性很强,耽误一时,就会影响一年的收成。{例}汉字中的“辱”,本义是指误了农时。上半部的“辰”,指的是阳春三月。到了这个时候还不种地，一年的收成就完了。“人误地一时，地误人一年。”原因无论是懒惰还是无知，在我们的先人看来，都是奇耻大辱。（余心言《荣辱辨》）

提示 此谚也说“人误地一日，地误人一年”“人误地一晌，地误人一年”“人误田一天，田误人一年”“人误庄稼一时，庄稼误人一年”“农误一时，人误一生”“误了一时便误了一季，误了一季又误了一年”等。

【日头不饶人】

太阳天天晒着，干旱无雨，一点也不让人。指旱灾无情。{例}待有那好年成，方圆四十里的百姓，除家里留个看门的，无不将赶会看成是头等大事。只是近年来日头不饶人，天气干旱，日子不大好过，人们才将古会看淡了，去或不去都由自个儿的心思了。（老村《骚土》）

提示 此谚与“节气不饶人”“时令不饶人”等有所区别，主要强调旱情严重，而不是节令气候的急迫。

【三伏不热，五谷不结】

三伏：从夏至后第三个庚日起入伏，初伏和末伏各固定为十天，中伏视交伏早晚，十天或二十天不等，是一年中最热的时候。指三伏天该热而不热，庄稼就不能成熟。{例}三伏宜热。谚云：“三伏不热，五谷不结。”（明·王象晋《群芳谱·岁谱》）

提示 此谚还说“三伏之中无酷热，五谷田禾多不结”“三九要冷，三伏要热；不冷不热，五谷不结”。

【三九四九，冻死牤牛】

牤（māng）牛：方言，指公牛。指冬至后第三、第四个九天气候最冷，连强壮的公牛都受不了。{例}一天晚上，大雪过后，朔风凛冽，正是“三九四九，冻死牤牛”的寒夜。（姜元溪等《鲁中奇险传》）

提示 此谚还说“三九四九冻死狗”“三九四九，冻破石头”等。

【十冬腊月，滴水成冰】

冬：十一月。指农历十、十一、十二月天气十分寒冷，水刚滴到地上就能结成冰。{例}这时，正是十冬腊月，滴水成冰。雪下得很大，风刮得很猛，三个人冻得缩成了三团团。（马烽《民间故事·三人断靠》）

【十月无工,只有梳头吃饭工】

工:工夫,时间。指农历十月白昼短,梳梳头,吃吃饭,一天的时间眨眼就过去了。{例}冬初和暖,谓之十月小春,又谓之晒糯谷天,渐见天寒日短,必须夜作。谚云:"十月无工,只有梳头吃饭工。"(明·徐光启《农政全书》)

提示 此谚还说"十月中,梳头吃饭当一工""十月中,梳头吃饭工"。

【十月小阳春】

指有的地方十月的气候温暖得就像春天。{例}中国有一句古语,叫作"十月小阳春"。当时,正值初冬,却是一派阳春天气。(梁斌《笔耕余录·壮志未酬老不休》)

【数九喂好牛,种地不发愁】

数九:从冬至开始计算"九"的天数。指数九寒天时把牛喂好,来年种地就不用发愁。{例}冬至节气,在家事活动上,我国大部分地区除继续进行防冻、积肥、深耕、滚压麦田等工作外,还应注意保护耕畜安全过冬。所以,农谚有"冬至压麦田"和"数九喂好牛,种地不发愁"的说法。(梁全智等《古今中外节日大全·冬至》)

【死节气,活办法】

节气:古人根据昼夜的长短、中午日影的高低等,在一年的时间中定出二十四个点,每一点叫一个节气。指节气是固定的,但具体运用时办法要灵活。{例}各种作物从播种到中期管理再到收获都有一定的节气与之相对应,人们便可以根据这些节气来合理安排各种农活。但是,这并不意味着这些节气是固定的、必须死板地按照节气来进行各农事活动,而是应该灵活运用,正所谓"死节气,活办法"。(王加华《节气、物候、农谚与老农:近代江南地区农事活动的运行机制》)

【天寒日短,无风便暖】

指天气寒冷的时候白昼短暂,没有风就会暖和一些。{例}北京冬天还有一句谚语:"天寒日短,无风便暖。"假如没有从蒙古大草原上吹来的寒流,就不会十分冷。(周简段《数九话寒天》)

【天九尽,地韭出】

天九:即冬九九,从冬至数起每九天为一个"九",一直数到九“九”为止。指冬九九结束后气候变暖，地里的韭菜冒出头了。{例}古代没有天气预报，人们根据长期的实践经验，编出了不少“数九歌”来描述数九期间冷暖的变化以及农事活动。比如：“天九尽，地韭出。”（李德复等《湖北民俗志》）

提示 此谚运用了对联的修辞手法，“天”与“地”相对，“九”与“韭”谐音，“尽”与“出”相对，意味深长，耐人咀嚼。

【头伏萝卜二伏菜，三伏荞麦不用盖】

伏：夏至后第三个庚日是初伏第一天，第四个庚日是中伏第一天，立秋后第一个庚日是末伏第一天。荞麦：粮食作物，籽粒有棱，卵圆形，磨粉供食用。指头伏可种萝卜，二伏可种芥菜，三伏可种荞麦但不能盖土太厚。{例}张兆瑞说：“夏秋两季还有点树叶，到了冬天吃什么哩？咱这地方还有两句俗话，‘头伏萝卜二伏菜，三伏荞麦不用盖’。早的误了还能赶一季晚的。”（赵树理《灵泉洞》）

提示 此谚变体较多，如“头伏萝卜末伏菜，尖头蔓菁大头芥”“头伏萝卜二伏芥，末伏里头种荞麦”“头伏萝卜二伏菜，三伏有雨种荞麦”“头伏萝卜末伏芥，中秋以里种白菜”“头伏萝卜二伏菜，九月蜂子做糖卖”等。

【头伏沤青满罐油，二伏沤青半罐油，三伏沤青没得油】

二伏：也叫中伏，在公历7月23日至8月1日之间。沤青：把绿肥作物或野草、树叶浸泡发酵，沤成肥料。指头伏沤青效力最好，二伏沤青效力其次，三伏沤青效力最差。{例}三伏与农业生产也有着密切的关系，民间很早就有“头伏芝麻二伏粟，三伏天里种绿豆”“头伏沤青（沤青肥）满罐油，二伏沤青半罐油，三伏沤青没得油”等农业经验之谈。（李德复等《湖北民俗志》）

【头伏无雨二伏休，三伏无雨干到秋】

秋：立秋。指头伏如果没有雨，二伏、三伏也不会下雨，会一直干旱到立秋。{例}俗话说：“头伏无雨二伏休，三伏无雨干到秋。”如今已到二伏末尾，看样子，下雨的希望是愈来愈小了。（马烽《刘胡兰传·月昏星暗夜》）

【头伏芝麻二伏粟，三伏天里种绿豆】

粟(sù)：谷子。指种芝麻要赶在头伏，种谷子要赶在二伏，种绿豆要赶在末伏。{例}三伏与农业生产也有着密切的关系，民间很早就有“头伏芝麻二伏粟，三伏天里种绿豆”“头伏沤青(沤青肥)满罐油，二伏沤青半罐油，三伏沤青没得油”等农业经验之谈。由于三伏与人们的生产、生活息息相关，故素来受到人们重视。(李德复等《湖北民俗志》)

【头九暖，九九寒】

头九、九九：从冬至开始数九，共九个九，第一个是头九，最后一个是末九，即九九。指第一个九天要是暖和，那么整个冬天便会寒冷。{例}累计无数世代的经验，中国人发现如果起头九天暖和，则跟着来的整个冬天都会特别冷。俗谚有“头九暖，九九寒”“第一莫贪头九暖，连绵雨雪到冬残”。(盖国梁《节趣·腊八》)

提示　此谚还说“头九寒，九九暖；头九暖，九九寒”。

【未曾数九先数九，未曾数伏先数伏】

暑伏：夏季伏天。指没有进入数九天的时候，气候就像数九天一样冷了；没有进入夏季伏天的时候，气候就像夏季伏天一样热了。{例}俗语说：“冷在三九，热在中伏。”又说：“未曾数九先数九，未曾数伏先数伏。”这些话是什么意思呢？即由冬至日算起，每过九天算一“九”；一般到第三个“九”时，天气最冷，所以说“冷在三九”。(周简段《数九话寒天》)

【要想日子常常富，鸡叫三遍离床铺】

指要想生活经常富裕，必须起早贪黑地勤劳苦干。{例}过了几年，老两口同时身染重病，卧床不起，就把小两口叫到跟前，嘱托再三：“要想日子常常富，鸡叫三遍离床铺。俭是聚宝盆，勤是摇钱树。男当勤耕耘，女应多织布。”(杜道德《腊八粥》)

提示　此谚还说“要想富，早穿裤”。

【一场秋雨一场凉，一场白露一场霜】

白露：白色的露水。指秋季每下一场雨就会增添一番寒意，一场白露过后又是一场霜冻。{例}现在种荞麦都晚了，接

着来的是："一场秋雨一场凉，一场白露一场霜。"(李英儒《上一代人》)

提示 此谚中的"白露"，不同于二十四节气中的"白露"。

【一九二九，滴水不流；三九四九，脱开石臼】

九：自冬至日起，每九天为一九，按次序定名为一九、二九、三九、四九……至九九，共八十一天。石臼(jiù)：舂米谷等物的容器，用石头凿成。指北方有些地区进入一九、二九时，洒一滴水都会结冰；三九、四九时更冷，简直能把石器冻坏。{例} 十一月：一九二九，滴水不流；三九四九，脱开石臼。冬至后天气寒，九日一候，至九九而寒尽，此言寒之状也。(《杭县志稿》)

提示 此谚也说"一九二九，滴水不流；三九四九，冻破缸臼""一九二九，冻坏井口；三九四九，掩门叫狗；五九六九，出门大走"，同"一九二九，伸不出手；三九四九冰上走"的细微差别在于：寒冷的程度更严重，一九、二九时就结冰了，"滴水不流"；三九、四九时连石器都会冻坏。

【一九二九，伸不出手；三九四九冰上走】

指北方地区在一九、二九时，冷得手都不能伸出袖子；到三九、四九时，河面上的冰就积得很厚了。{例}冬天从冬至开始叫"交九"，"一九二九，伸不出手；三九四九冰上走""冷在三九，热在中伏"。"三九"正是在小寒、大寒之间，过了大寒是立春，"大寒"者大冷也，连接着大寒来的立春，不会一下子就暖和了。(苗得雨《"一年两个春"》)

提示 此谚多见于九九歌谣，古人常与"消寒图"同用，如清·潘荣陛《帝京岁时纪胜》记载，至日数九，画素梅一枝，为瓣八十有一，日染一瓣，瓣尽而九九毕，则春深矣，曰九九消寒图。傍一联曰："试看图中梅黑黑，自然门外草青青。"谚云："一九二九，相逢不出手；三九四九，冰上走；五九四十五，穷汉街前舞；七九六十三，路上行人着衣单。"现今数九九的习俗在全国各地仍颇盛行，人们按各地的农事物候和风俗，编排出不同的九九诀，如"一九二九不出手，三九四九冰上走，五九六九，沿河看柳，七九河开，八九雁来，九九加一九，耕牛遍地走”“一九二九冰上走，三九四九冻掉手，五九六九扬脖儿看柳，七九河开，八九雁来，九九艳阳天”“一九二九，拗脚拗手；三九四九，冻死猪狗；五九六九，沿河看柳；七九八九，摇脚摆手；九九八十一，黄狗歇阴地”等。这些民谣流传的范围很广。

【一年庄稼两年种】

指种庄稼必须提前做准备、打基础，需要付出两年的辛苦。{例}一年庄稼两年种，庄稼不成年年种；人误地一晌，地误人一年。这都是他们背对着高高在上的苍天，面朝着厚厚的黄土苦出来的经验啊。（季栋梁《一根烟》）

提示 此谚的变体较多，如“一年庄稼二年务”“一年庄稼两年工”“一年庄稼两年闹”“一年庄稼两年务”“一年的庄稼二年的苦”“一年庄稼，两年准备”“一年庄稼，两年务做”等，意思大致相近。

【一日之计在于寅，一年之计在于春，一生之计在于勤】

寅（yín）：旧时计时法，凌晨 3 点到 5 点。指一天的计划取决于凌晨，一年的筹划取决于春季，一生的谋划取决于勤奋。{例}谚云：“一日之计在于寅，一年之计在于春，一生之计在于勤。”起家之人，未有不始于勤而后渐流于荒惰，可惜也。（明·姚舜牧《药言》）

提示 此谚出自唐·宋若莘《女论语·营家》：“凡为女子，不可因循。一生之计，唯在于勤；一年之计，唯在于春；一日之计，唯在于晨。”也说“一年之计在春，一日之计在寅”“一年之计在于春，一日之计在于晨”等。

【一早三分收，十早不担忧】

农活一个环节赶早，就有三分收成；十个环节赶早，丰收就更有把握，不用担忧了。指农事要赶节令，贵在及早动手。{例}此方法虽然原始，可在那没有天文台、气象站、气象广播的年代里，这种“春牛图”确实起到了“一早三分收，十早不担忧”的作用。（蓝翔等《华夏民俗博览·岁时篇》）

【阴冷莫过倒春寒】

倒春寒：一种天气现象，春季早期气温偏暖，而在后期气温却偏低。指阴暗而清冷，没有比倒春寒更厉害的。{例}古人说：

"阴冷莫过倒春寒。"初春时节，晴时阳光普照，温暖宜人；阴时则寒气袭人，时常有回潮的小股冷空气，还会使人感觉重回冬天。（张桂芬《健康从立春开始》）

【有钱难买五月旱，六月连阴吃饱饭】

指农历五月天晴利于夏收，六月多雨利于秋作物生长，都是很难得的。{例}有钱难买五月旱，六月连阴吃饱饭，谁想天时不正，四月二十九的大雨就下得北运河满了槽，白茫茫的像一条大江。（刘绍棠《敬柳亭说书》）

提示 此谚还说"千金难买五月旱，六月连阴吃饱饭""五月旱，不算旱，六月连阴吃饱饭"。

【有墒不等时，时到不等墒】

墒（shāng）：土壤含有适合种子发芽和作物生长的湿度。时：时令，季节。有了墒情就不能等待时令，时令到了就不能等待墒情。指种庄稼要抢墒抢时。{例}她根据气温、湿度、土壤气候等条件特征，针对性地提出了趋利避害，"抓早苗是抓苗的关键"等一系列科学见解，并总结出"有墒不等时，时到不等墒"的结论。（景奇仁《痴情三十五春秋》）

【雨雪连绵四九天】

九：从冬至日起数九，每九天为一九。指有的地区在冬至后的第四个九天，还经常是雨雪接连不断。{例}四九时必多雨雪，谚云："雨雪连绵四九天。"（清·顾禄《清嘉录》）

【栽秧割麦两头忙】

指南方地区在芒种时期农活繁忙，既要栽晚稻秧苗，又要割麦子。{例}在长江流域，"栽秧割麦两头忙"，单季晚稻正抢时间插秧，双季晚稻则在播种育秧。（邹南《麦收时节——芒种》）

【早起三朝当一工】

朝（zhāo）：早晨。一工：一个白天所做的活。三天早起床干的活，相当于一个白天干的活。指坚持早起床，就会挤出更多的时间。{例}"是林书记呀，今朝这样早？""乡里不是有句话，'早起三朝当一工'吗？我学学你们。"（周立波《林冀生》）

提示 此谚还说"三个五更抵一工""三日起早当一工""三早当一工""早起三更顶一工"等。

【掌握天时，不误农时】

天时：气象规律。农时：适宜耕种、收获的时节。指种庄稼必须掌握气象规律，不能错过适宜耕种和收获的时节。{例}这是我国古代劳动人民在生产实践中，用以指导和安排农业生产而制定出的“二十四”节气。俗话说“掌握天时，不误农时”，讲的就是这个道理。（寿天祥《十万个为什么·地理》）

十二、节　气

春雨惊春清谷天

【吃罢春分饭，一天长一线】

春分：在公历 3 月 20 日或 21 日。指春分当天昼夜平分，春分过后白天的时间就会越来越长。｛例｝春分过后，阳光直射的位置便向北面转移，北半球就白天渐长，黑夜渐短。太阳升起和下落的地方，也从正东和正西，逐渐向东北和西北偏移，故有“吃罢春分饭，一天长一线”的说法。（梁全智等《古今中外节日大全·春分》）

提示　二十四节气是中国古代的独特创造，起源于黄河中下游，春秋时期已运用圭表测日影，定出春分、秋分、夏至、冬至。《吕氏春秋·十二纪》中有二分、二至、四立、雨水、惊蛰、小暑、白露、霜降等节候名称。到西汉刘安的《淮南子·天文训》中，始有二十四节气全名。春分处于春季的中点，又称“春分点”。此日太阳光直射赤道，全球昼夜几乎等长，气候适中。天文学上规定春分为北半球春季开始，越冬作物进入春季生长阶段。

【春打六九头，贫儿不须愁】

春：立春，表示春季的开始。六九：从冬至数起第六个九天。贫儿：穷人。指立春日如果在六九的第一天，预示庄稼丰收，穷人不用发愁饿肚子。｛例｝谚云：“春打六九头，贫儿不须愁。”即贫儿争志气之谓。（明·张存绅《（增定）雅俗稽言》）

提示　古人特别重视立春节气，官方亦有“打春”活动，如张紫晨《中国民俗与民俗学》上编四章记载：“北京重视打春之俗，打春即立春，为农历二十四节令中的头一个节气，一般为六九之前，即俗谚所说‘春打六九头’。立春前一天，顺天府官员要呈春牛图，礼毕回署，引春牛而击之，曰打春。”

【春打五九尾，家家吃白米】

五九：从冬至数起第五个九天。指立春日如果在五九的最后一天，预示庄稼丰收，家家都能吃到白米。{例}农谚说：“春打五九尾，家家吃白米。”今天是“五九”的最后一天，正是“五九”尾，祝愿今年能风调雨顺，农业丰收，让家家户户的餐桌上更加丰盛，不只是吃白米！（邹南《节气之首——立春》）

提示　此谚与“春打六九头，贫儿不须愁”是近义，只是说法不同。

【春分犁不空】

指春分时节忙于耕种，犁铧不会闲置。{例}春分之日昼夜平分，又正是春天的中期，故名之曰“春分”。春分时节也是湖北农业生产的大忙季节，民间流行“春分犁不空”“春分麦起身，一刻值千金”等农谚。（李德复等《湖北民俗志》）

【春分麦起身，一刻值千金】

指春分正是小麦生长速度增快的时期，农活很多，片刻时间也像千金一样珍贵。{例}“春分麦起身，一刻值千金。”在农业上要继续搞好开沟防渍工作，早稻育秧开始，要在冷尾暖头抢晴播种。（汪茗《农业与气象》）

提示　古人以漏壶计时，一昼夜分为一百刻。到清代时，一昼夜初定为九十六刻。今人用钟表计时，一刻为十五分钟。一刻，也泛指短暂的时间。

【春分秋分，昼夜平分】

秋分：在公历9月23日或24日。指春分、秋分当天，白昼和夜晚的时间是对等的。{例}汉朝的董仲舒在《春秋繁露》一书中说：“春分者，阴阳相伴也，故昼夜均而寒暑平。”民谚也说：“春分秋分，昼夜平分。”老百姓说得更明白，只不过没有董夫子斯文罢了。（邹南《阴阳相伴——春分》）

提示　秋分处于秋季的中点，又称“秋分点”。此日太阳光直射赤道，全球昼夜几乎等长。过了秋分，太阳光直射位置便向南移动，北半球昼短夜长。天文学上规定秋分为北半球秋季开始,黄河以北进行秋收秋种。

【春雷惊百虫】

俗指春天的雷声一响,各种冬眠的虫子就受惊而苏醒了。{例}惊蛰时节开始有雷,蛰伏的虫子听到雷声,因受惊而苏醒过来,结束了绵绵的冬眠。这个说法,广为流传,千百年间人们对此深信不疑。民谚也说:“春雷惊百虫。”(邹南《春雷始动——惊蛰》)

【打春不论地】

打春:即立春。指立春时节不论什么地块,都得抓紧播种。{例} 吴士举瞪起吃惊的眼道:“这是出了什么事啦?种了十来年了,怎么好好的地又不种啦?打春不论地,如今清明也过了!”(马烽等《吕梁英雄传》)

【打春后,莫喜欢,还有四十天冷天气】

指北方在立春之后还会有一段寒冷气候,需要防寒保暖。{例}当地农谚有“打春后,莫喜欢,还有四十天冷天气”的说法,这是符合当地气候规律的。如吉林省立春时间,旬平均气温仍在−13.7℃~−12.4℃,降雪量由1.5毫米增至2.1毫米,毫无春意,所以还需要40天后,才能春到东北。(梁全智等《古今中外节日大全·立春》)

提示 此谚还说“打了春,冻断筋”“打春别欢喜,还有四十冷天气”“打了春,瞎欢喜,还有四十天的冷天气”“立春别欢喜,还有四十冷天气”“乡下佬且休舞,立春还冷四十五”等,意思都是一样的。

【二月二,龙抬头】

俗指过了二月初二,龙王便开始活动,北方的雨量将逐渐增多。{例} 在民间流传这样一句话:“二月二,龙抬头。”是说这天龙昂首登天,冬眠的动物随之苏醒。古书上说,龙春分登天。因为除极特殊情况外,春分一般都在二月二前后,所以二月二又叫“春龙节”。(华龄《二月二说龙》)

提示 “二月二”的民俗内容非常丰富,据许树安《二月二为何龙抬头》记载:“唐宋时的这些‘二月二’活动并没有和‘龙抬头’联系在一起。到了元朝,二月二就明确是‘龙抬头’了。《析津志》在描述元大都的风俗时提到,‘二月二,谓之龙抬头’。这一天人们盛行吃面条，称为‘龙须面’；还要烙饼，叫作‘龙鳞’；若包饺子，则称为‘龙牙’。总之都要以龙体部位命名。”

【二月二，龙抬头，大家小户使耕牛】

指二月初二以后，农村普遍进入春耕大忙季节。{例}到“惊蛰”时，即进入春播季节，所以民谚说：“二月二，龙抬头，大家小户使耕牛。”这里不仅描绘出一幅春耕春种的生动图画，也道出“龙抬头”降春雨，大有利于春播。（绍轩《“龙抬头”和雨水》）

【二月二，龙抬头；大仓满，小仓流】

俗指过了二月初二，龙王便开始活动，北方雨量增多，庄稼就有望丰收。{例}我国北方广泛流传着“二月二，龙抬头；大仓满，小仓流”的民谚。这是因为在农历二月以后，“雨水”节气来临，冬季的少雨现象结束，降雨量将逐渐增多起来，这本来就是华北季风气候的特点。（张春莲等《春龙节的来历》）

【二月清明一片青，三月清明不见青】

清明：在公历4月4日、5日或6日，表示天气开始转暖，草木新绿，景象清新。指清明节如果在农历二月，标志着气温回升早，植物一片青绿；清明节如果在农历三月，标志着气温回升晚，因此看不到青绿。{例}“二月清明一片青，三月清明不见青”和“二月清明桃花开，三月清明定不开”是一个意思。二月清明时，山明水秀，桃花怒放，蝴蝶翩翩，蜜蜂嗡嗡，鸟语花香，春意很浓；而三月清明时，百草才在生芽，花不开，蝶不飞，比较孤寂。（韩湘玲等《二十四节气的科学道理》）

【谷雨立夏，不可站着说话】

谷雨：在公历4月19日、20日或21日。立夏：在公历5月5日、6日或7日。指谷雨、立夏时节农活正忙，人们连说话时手都不停歇。{例}谷雨时节正是湖北农村抢插早稻的时节，农村流行“早稻抢雨，晚稻抢暑”“早稻插齐，不过五一（公历五月一日）”“谷雨立夏，不可站着说话”等农谚。（李德复等《湖北民俗志》）

【谷雨前后，种瓜点豆】

指谷雨前后几天，是点种瓜豆类作物的最佳时节。{例}“谷雨前后，种瓜点豆”，早了不出苗，晚了不结籽。一样的辛苦，误了节令，就近于撂荒；未拔节而秀穗，也是枯老无收，一撮秕糠。(郭曙明《感悟生命》)

【谷雨前五天不早，谷雨后五天不晚】

指早稻要在谷雨前后的十天之内播种。{例}“谷雨下种小满栽”——这是汤河流域稻地里庄稼人熟知的一句农谚。又说：“谷雨前五天不早，谷雨后五天不晚。”可见下稻种，就在这十来天里头哩。(柳青《创业史》)

【谷雨三朝看牡丹】

三朝(zhāo)：三天。指牡丹花在谷雨时节开放，人们可以在谷雨之后尽情观赏。{例}三月：谷雨时洛阳牡丹开花。在江南，牡丹花俗称谷雨花，有“谷雨三朝看牡丹”之谚。凡有花之处，皆有女士游观，也有在夜间垂幕悬灯、宴饮赏花的，号曰“花会”。(乔继堂《中国岁时节令辞典》)

【谷雨下种小满栽】

小满：在公历5月20日、21日或22日，表示草木开始繁茂，夏熟谷物籽粒开始饱满。指早稻要在谷雨时节播种，小满时节插秧。{例}“谷雨下种小满栽”——这是汤河流域稻地里庄稼人熟知的一句农谚。又说：“谷雨前五天不早，谷雨后五天不晚。”可见下稻种，就在这十来天里头哩。(柳青《创业史》)

【谷雨种大田】

大田：大面积种植作物的田地。指华北地区的大田作物都要在谷雨之前播完。{例}华北地区：“谷雨种大田。”一般春播作物都要在这个节气播完。棉花营养钵育苗开始移栽。春山药栽插。“麦怕胎里旱”，防御春旱。(梁全智等《古今中外节日大全·谷雨》)

提示 大田作物包括小麦、水稻、高粱、玉米、棉花、牧草等。

【过了惊蛰节，春耕不停歇】

惊蛰：在公历3月5日、6日或7日，表示冬眠蛰虫开始复苏。指过了惊蛰节，春季耕作越来越忙，人畜都不能停歇了。{例}此时天气转暖，渐有春雷，冬眠的动物出土活动，春耕季节到来。谚曰：“过了惊蛰节，春耕不停歇。”(陶立璠《民族意识的回归》)

【惊蛰不耕地，好比蒸笼走了气】

指惊蛰时节不耕土地，庄稼就不会丰收，好比蒸笼跑了气食品就不会熟透一样。{例}这时期虫卵也要开始孵化，我国大部分地区将进入春耕季节。农谚说："惊蛰不耕地，好比蒸笼走了气。"（梁全智等《古今中外节日大全·惊蛰》）

【惊蛰春分，棒头栽起都生根】

春分：在公历3月20日或21日。棒头：棍子。指惊蛰春分时节，栽根棍子都能长了根。{例}到了惊蛰时，湖北农村的春耕生产便忙起来了，民间流行"惊蛰春分，棒头栽起都生根""过了惊蛰节，春耕不停歇""惊蛰慢一慢，慢掉一年饭"等农谚。（李德复等《湖北民俗志》）

【惊蛰过，百虫苏】

指惊蛰时节一过，各种冬眠的虫子就逐渐苏醒了。{例}俗话讲："惊蛰过，百虫苏。"青龙节里，民间流行着许多驱毒的活动。（温辛等《山西民俗·岁时节日》）

【惊蛰慢一慢，慢掉一年饭】

指惊蛰时节农活跟不上节令，庄稼就会减产。{例}二哥惦着地里的活计，他说："惊蛰慢一慢，慢掉一年饭。我担心你嫂子一个人忙不过来，哪有心思逛公园呀！"（李健《二哥进城》）

【立春大如年】

立春：在公历2月3日、4日或5日。指立春就像过年一样重要。{例}旧社会农民种田，依照农历计算农时耕作，而立春在二十四节气中独占魁首。"一年之计在于春"，故农民分外重视这个节气，民间有"立春大如年"的说法。（蓝翔等《华夏民俗博览·岁时篇》）

【立春落雨透清明】

清明：在每年公历4月4日、5日或6日。指立春当天如果下雨，就会一直下到清明节。{例}俗谚云："立春落雨透清明。"盖谓立春之日必须放晴，始能风调雨顺，否则即有霖雨数月，至"清明"始罢也。（《苗栗县志》）

【立春三日，百草发芽】

指立春过了三天，许多草木都会发出嫩芽。{例}正如农谚所说："立春一日，水暖三分"，"立春三日，百草发芽"。东风吹来，河水解冻，蛰虫苏生，草木渐渐长出嫩芽，在南方过冬的候鸟，

正翘首北望，准备回飞了。（邹南《节气之首——立春》）

【立春阳气转，雨水沿河边】

阳气：暖气，生长之气。指立春时节气温回升，雨水和河水融为一体。{例}立春过后，隆冬的景象由南往北渐渐消退，春色悄悄来临。在江南日趋风和日暖，春意盎然。华北地区气温开始回升，平原地区气温升至 −2℃，山区 −10℃~−5℃。农谚说："立春阳气转，雨水沿河边。"（梁全智等《古今中外节日大全·立春》）

提示 此谚还说"打春阳气转，雨水沿河边"，打春：即立春。此"雨水"不同于二十四节气中的"雨水"。

【立春一日，水暖三分】

指过了立春这一天，河水温度就会明显升高。{例}正如农谚所说："立春一日，水暖三分"，"立春三日，百草发芽"。东风吹来，河水解冻，蛰虫苏生，草木渐渐长出嫩芽，在南方过冬的候鸟，正翘首北望，准备回飞了。（邹南《节气之首——立春》）

【立春雨水到，早起晚睡觉】

雨水：在公历 2 月 18 日、19 日或 20 日，表示降雨季节的开始。指到了立春雨水时节，就得起早睡晚地干活。{例}民俗中有句话："立春雨水到，早起晚睡觉。"说明人们经过秋冬的养生，到了春天要开始劳作了。（连淑兰《立春话养生》）

【清明到，吓一跳】

清明：在每年公历 4 月 4 日、5 日或 6 日。指到了清明节，人们更感到时间的紧迫性。{例}清明正是南方农村下稻种、种棉花的大忙时节，因此，民间流行"清明到，吓一跳"等农谚。（李杰《农谚探微》）

【清明断雪，谷雨断霜】

谷雨：在公历 4 月 19 日、20 日或 21 日。指过了清明节，就不会再下雪；过了谷雨节，就不会再下霜。{例}二月最怕夜雨，若此夜晴，虽雨多，亦无所妨。十夜以上雨水，乡人尽叫苦。初四有水，谓之春水。初八日前后，必有风雨。谚云："清明断雪，谷雨断霜。"言天气之常。（明·徐光启《农政全书》）

【清明见节，立夏可吃】

立夏：在公历 5 月 5 日、6 日或 7 日。指蚕豆成熟很快，清明时见到豆节，立夏时就可以吃了。{例}蚕豆,又称胡豆、罗汉豆、佛豆、倭豆,相传是西汉张骞出使西域后引入。俗有"清明见节,立夏可吃"之说。中医认为,蚕豆有健脾、益胃、和中的功效。(姚培钧等《华夏菜点精粹·火腿蚕豆》)

【清明柳叶绿,赶紧种玉米】

指清明节柳叶泛出了绿色,北方地区正是抢种玉米的时候。{例}清明以后,晋冀北部山区的日平均气温相继达到10℃,开始进入生长期,玉米、谷子等春播作物开始播种。燕山深处的新农谚是:"清明柳叶绿, 赶紧种玉米。"清明时节,正是河北北部抓紧春播的大好时光。(邢树木《清明漫话》)

【清明落百籽】

指清明时节许多作物的种子都需要播入土中。{例} 民谚说:"清明落百籽。"大秋作物的种植不能再拖延了。婆婆急着赶回乡下去,她惦着那块土地。(袁水玲《我的婆母》)

【清明前后,种瓜点豆】

指清明节前后,正是播种瓜豆等作物的大好时机。{例}清明一到,气温升高,雨量增多,正是春耕春种的大好时节。农谚有"清明前后,种瓜点豆""栽树莫要过清明,种上棒槌也发青"。(殷秀民《中国的节日·清明与寒食》)

提示 此谚还说"清明前后,种瓜种豆"。

【清明前后一场雨,强如秀才中了举】

中举:科举时代称乡试考中。指清明节前后下雨利于庄稼生长,农民比过去读书人中举还高兴。{例}农村对"清明雨"尤为重视,古谚语有"清明前后一场雨,强如秀才中了举"。把清明雨看得如此重要,可见农民对于春雨的冀盼是多么殷切。(盖国梁《节趣·清明》)

【清明时节雨纷纷】

指清明节当天多数会下小雨。{例}春气升,下蛰的小动物出土了; 清明天气或清新明朗,或细雨纷纷,"清明时节雨纷纷"; 小满是小麦灌浆时;"芒种三日见麦茬",是麦收与夏种时。(苗得雨《"一年两个春"》)

提示 此谚出自唐·杜牧《清明》诗:"清明时节雨纷纷,路上行人欲断魂。借问酒家何处有?牧童遥指杏花村。"谚和诗往往有交叉现象。有的诗人善于采用民谚，以谚入诗；有的诗广为流传，渐渐有了谚的特点。

【清明蜀黍谷雨豆，顶茬豆子二指土】

蜀黍(shǔ)：高粱。顶茬：即回茬，一年内一茬农作物收获后复种的那一茬。指清明时节种高粱，谷雨时节种豆子；顶茬的豆子，种二指深正好。{例}我刚才说的是"清明蜀黍谷雨豆，顶茬豆子二指土"，浅了的不行，深了的不出——这是老辈里传下来的农谚俗语。(王厚选《古城青史》)

【十年难逢金满斗，百年难逢首日春】

金满斗：农历一年之中有两个立春节气。首日：农历正月初一。春：立春。指年头年尾都有"立春"，十年都难遇到；春节那天恰好是立春，百年都难遇到，二者都是庄稼丰收的吉兆。{例}民间还有以立春之时辰预测年成的习惯，所谓"十年难逢金满斗，百年难逢首日春"，如果阴历一年之中有两个立春节气则谓之"金满斗"；如果阴历正月初一立春则谓之"首日春""春打头"，这都是当年庄稼丰收之兆。(李德复等《湖北民俗志》)

【一年之计在于春，一春之计在立春】

立春：在公历2月3日、4日或5日。指一年的计划取决于春季，一春的计划取决于立春。{例}默察万物萌动，静观天地回春，人们的心情也是很愉快的。一年之计在于春，一春之计在立春。人们很早就格外看重立春这个日子。(邹南《节气之首——立春》)

提示 此谚与"一日之计在于寅，一年之计在于春，一生之计在于勤"的第二句有微妙区别：一个强调"立春"，一个强调"春季"。

【一声春雷动，遍地起爬虫】

指惊蛰时节一响雷，各种冬眠的虫子就开始活动了。{例}惊蛰时节开始有雷，蛰伏的虫子听到雷声，因受惊而苏醒过来，结束了绵绵的冬眠。这个说法，广为流传，千百年间人们对此深信不疑。民谚也说："春雷惊百虫"，"一声春雷动，遍地起爬虫"。(邹南《春雷始动——惊蛰》)

【雨打墓头钱,今岁好丰年】

墓头钱:清明时扫墓焚化的纸钱。指清明时下雨,预示庄稼丰收。{例}寒食占:寒食在清明前三日也,雨主岁丰。谚云:“雨打墓头钱,今岁好丰年。”谓墓头纸钱也。(明·冯应京《月令广义·三月令》)

提示 此谚还说“雨打墓头钱,今年好种田”“雨打墓头钱,今年好丰年”。

【雨前椿芽嫩如丝,雨后椿芽如木质】

雨:谷雨,在公历4月19日、20日或21日。指谷雨前的香椿鲜嫩好吃,谷雨后的香椿就老化如同木质了。{例}“雨前椿芽嫩如丝,雨后椿芽如木质。”香椿芽以谷雨前为佳,应吃早、吃鲜、吃嫩。谷雨后,其纤维老化,口感乏味,营养价值也会大大降低。(诸渭芳等《美味香椿吃法多》)

【雨前是上品,明前是珍品】

明:清明,在公历4月4日、5日或6日。指谷雨前采制的茶叶是上等的,清明前采制的茶叶是珍贵的。{例}龙井茶在清明前采制的叫“明前”,谷雨前采制的叫“雨前”,向有“雨前是上品,明前是珍品”的说法。(王茁芝《家庭实用百科全书·龙井茶》)

【雨洒清明节,麦子满地结】

指清明节下雨,利于小麦生长。{例}“雨洒清明节,麦子满地结。”这场雨来得及时,要抓紧给小麦中耕、除草。(罗富民《杨柳青青》)

【雨水有雨庄稼好,大春小春一片宝】

雨水:在公历2月18日、19日或20日。指雨水节当天如果下雨,对一切作物都很珍贵。{例}这期间,油菜、冬麦普遍返青生长,华南开始插秧,对水分的要求较高。于是出现了这样的民谚:“雨水有雨庄稼好,大春小春一片宝。”(邹南《春雨将至——雨水》)

【雨水雨,水就匀;雨水晴,水不匀】

指雨水节当天如果下雨,一年的雨水就会均匀;雨水节当天如果晴朗,一年的雨水就不会均匀。{例}民间还认为雨水之日有雨是好兆头,有“雨水雨,水就匀;雨水晴,水不匀”“雨水有雨好收成”等说法。(李德复等《湖北民俗志》)

【栽树莫要过清明，种上棒槌也发青】

清明:在每年4月4日、5日或6日。发青:长出新芽。栽树只要不错过清明节,即使栽根木棍也能发了芽。指清明节以前栽树成活率较高。后一句是夸张的说法。{例}清明一到,气温升高,雨量增多,正是春耕春种的大好时节。农谚有“清明前后,种瓜点豆”“栽树莫要过清明,种上棒槌也发青”。所以,自古以来人们就将清明节作为安排农事活动,栽花种树的季节。(殷秀民《清明与寒食》)

提示 此谚还说“春季造林,莫过清明”“植树造林,莫过清明”等。

【早稻抢雨,晚稻抢暑】

早稻:水稻的一种,有插秧期早或生长期短、成熟早的特点。雨:谷雨,在公历4月19日、20日或21日。晚稻:插秧期较晚或成熟期较晚的稻子。暑:小暑,在公历7月6日、7日或8日。指早稻要抢在谷雨前插秧,晚稻要抢在小暑前插秧。{例}现在是谷雨时节,村民们忙着抢插早稻。农谚说:“早稻抢雨,晚稻抢暑。”过了谷雨就迟了。(时众喜《蚕桑才了又插秧》)

夏满芒夏二暑连

【吃了夏至饭,一天短一线】

夏至:在公历6月21日或22日,表示暑夏的到来。指过了夏至节,白天的时间会越来越短。{例}春分、秋分、夏至、冬至,是四个季节的转折点。太阳第一次直射赤道是春分,第二次直射赤道是秋分,就是“二、八月,昼夜平”时;太阳往北移向直射北回归是夏至,往南移向南回归是冬至,就是“吃了夏至饭,一天短一线;吃了冬至饭,一天长一线”时。(苗得雨《“一年两个春”》)

提示 据科学测定,从夏至到冬至,北半球白昼平均每天缩短将近2分钟。此谚同“吃了冬至面,一天长一线”相对应,也说“吃了夏至面,一天短一线”。

【大麦不过芒种,小麦不过夏至】

大麦:植株像小麦,叶稍短而厚,主要供酿酒、制麦芽糖和麦片等,也可作饲料。芒种:在公历6月5日、6日或7日,是进行夏收、夏管、夏种的繁忙时节。指收割大麦不能超过芒种节，收割小麦不能超过夏至节。{例}安徽说："芒种地里无剩麦。"苏北则说："大麦不过芒种，小麦不过夏至。"……芒种，在农民心中，可说是麦节。(邹南《麦收时节——芒种》)

提示 此谚还说"大麦芒种忙忙割，小麦夏至无一棵"。

【大暑在七，大寒在一】

大暑：在公历7月22日、23日或24日，是一年中最炎热的季节。大寒：在公历1月20日或21日，是一年中最寒冷的时节。指一年之中，最热的时候在农历七月，最冷的时候在正月。{例}正月之时，天甫凄栗，俗语："大暑在七，大寒在一。"一谓正月也。(汉·应劭《风俗通义·佚文》)

提示 大暑期间之所以炎热，是因为自入夏以来，地面上白天从太阳光中吸收的热量，多于夜间放散的热量，热量不断积累，到了大暑期间，就达到了顶峰。大寒期间之所以寒冷，是因为自冬至后北半球白天最短，到大寒时所余热量最少，气温降至最低，并且常有寒潮、大风天气。

【伏雨淋淋农民喜，小暑防洪别忘记】

伏：三伏。小暑：在公历7月6日、7日或8日。指三伏时期雨水多，不能盲目乐观，别忘了小暑是汛期，得防备洪水成灾。{例}农谚说："伏雨淋淋农民喜，小暑防洪别忘记。"这个时期，洪涝灾害时有出现，防洪排涝的任务很急。(张永富《黑板报》)

提示 小暑标志着雨季开始，雨量集中，是全年降水最多的一个节气。这个时节常出现大到暴雨，有些年份出现涝灾，并引起洪水的暴涨。

【立夏不下，田家莫耙】

立夏：在公历5月5日、6日或7日，表示夏季的开始。耙(bà)：用耙(pá)子碎土平地。指立夏当天不下雨，预示天气干旱，不能碎土平地。{例}立夏宜雨。谚："立夏不下，田家莫耙。"晴主旱，晕主水，风主热。(明·冯应京《月令广义·四月令》)

【立夏不下，无水洗耙】

指立夏日不下雨，预示天气干旱，连洗耙的水都没有。{例}四月占雨是孝感民间的习俗，民间称："立夏不下，无水洗耙。"又

称:"小满不满,芒种不管。"(李德复等《湖北民俗志》)

【立夏见"三新"】

三新:三种新鲜食物。指立夏时节,江南的地上、树上、水中,都各有三种新鲜食物上市。{例}四月,立夏:立夏日,家设樱桃、青梅、櫑麦,供神享先,名曰:"立夏见'三新'。"(清·顾禄《清嘉录》)|四月:立夏日,切苋菜馅作饼,供麦蚕,佐以青梅、朱樱,祀祖荐新,谓之"立夏见'三新'"。(清《绩溪县志》)

提示 此谚语也说"立夏尝'三鲜'"如蓝翔等《华夏民俗博览·立夏尝三鲜》:在这蔬菜采撷登盘、肥鱼入网上市之际,江南民间历来有"立夏尝'三鲜'"的习俗。"三鲜"有地上"三鲜"、树上"三鲜"、水里"三鲜"。江苏常熟地三鲜是蚕豆、笋和黄瓜。树三鲜是樱桃、梅子、松花。……海蛳、河豚和鲥鱼为水"三鲜"。此谚还说"立夏荐'三鲜'",如乔继堂等《中国岁时节令辞典》:四月,江苏武进立夏荐"三鲜",即地上三鲜:苋菜、蚕豆、李仁;树上三鲜:樱桃、梅子、香椿头;河中三鲜:海丝、鲥鱼、咸鸭蛋。

【立夏三朝遍地锄】

三朝(zhāo):三天。指到了立夏时节,乡村到处都在抓紧锄地。{例}这时,气温显著增高,炎暑将临,雷雨增多,进入夏忙季节,农作物借温暖的气候而生长渐旺,田间管理日益繁忙。农谚说:"立夏三朝遍地锄。"(梁全智等《古今中外节日大全·立夏》)

提示 此谚还说"立夏三天遍地锄"。

【立夏三天扯菜籽】

指南方在立夏时就可以收获油菜籽了。{例}收获是农业生产大田劳作的最后环节,是农事活动的最终目的,因而也是农事中最值得重视的。因此,各种作物的收获也有一定的节气与之相关联。……油菜:"立夏三天扯菜籽。"(上海)(王加华《节气、物候、农谚与老农:近代江南地区农事活动的运行机制》)

【立夏下雨,谷米如泥;立夏不下,犁耙高挂】

耙(pá):碎土平地的农具。指立夏日下雨,预示风调雨顺,五谷就会丰收;立夏日不下雨,预示天气干旱,不能碎土平地,只好把犁耙闲置。{例}人们还认为，立夏之日下雨，兆谷米丰收；立夏之日天晴，兆天旱。有“立夏下雨，谷米如泥；立夏不下，犁耙高挂”之说。（李德复等《湖北民俗志》）

【芒种打火夜插秧】

打火：掌灯。指芒种时节农民为了抢时间，掌着灯连夜插秧。{例}《月令七十二候集解》：“五月节，谓有芒之种谷可稼种矣。”意指大麦、小麦等有芒作物种子已经成熟，抢收十分急迫。长江流域栽秧割麦两头忙，谚语说：“芒种打火夜插秧。”（解子祥《农歌一曲》）

【芒种忙，麦上场】

指北方地区在芒种时节主要是忙于收麦打麦。{例}“芒种忙，麦上场”“收麦如救火，龙口把粮夺”的农谚，正形象地说明了麦收季节的紧张气氛，必须抓紧一切有利时机，抢割、抢运、抢脱粒。（南存良《打麦场的故事》）

【芒种忙种，样样要种】

指芒种的谐音是“忙种”，意思是许多秋作物都要忙着播种。{例} 芒种的含义，还有一种解释，就是“忙种”，“芒种忙种，样样要种”。此话虽有听音生义之嫌，但验之实际，也不无道理。在黄河流域，割了麦子就要种玉米、豆类、花生和红薯。（邹南《麦收季节——芒种》）

提示 此谚还说“芒种忙种”“芒种忙种忙忙种”。

【芒种芒种，点头插秧】

指芒种时节时间紧迫，要求插秧的速度非常快。{例}“芒种忙，下晚秧”“芒种芒种，点头插秧”。南方的双季晚稻育秧要抓紧进行，要特别注意稻蓟马等病虫的防治工作。（邹绿音《情系农家》）

【芒种三天见麦秋】

指芒种时农家开始收割麦子，回茬播种秋作物。{例}“芒种三天见麦秋”，这是我家乡的一句农谚，听了使人感到“夜来南风起，小麦覆垄黄”的滋味。（梁斌《笔耕余录·芒种》）

提示 此谚比“芒种之天看麦茬”多了一个意思，即播种秋作物。

【芒种天，麦穗沉甸甸】

沉甸甸：形容因分量过重而下坠的样子。指芒种时大片的小麦成熟了，可以见到沉甸甸的麦穗。{例}在芒种的农谚中，凡是

种冬麦的地方，大都要说到麦收。北京说:“芒种之天看麦茬。”河北说:“芒种天，麦穗沉甸甸。”(邹南《麦收季节——芒种》)

【芒种夏至麦上场，家家户户一齐忙】

夏至：在公历6月21日或22日。指芒种、夏至期间小麦上了场，家家户户都忙着收打入库。{例}收获是农业生产大田劳作的最后环节，是农事活动的最终目的，因而也是农事中最值得重视的。……麦类作物:“芒种忙，收割忙”(川沙)，“芒种夏至麦上场，家家户户一齐忙”(上海)。(王加华《节气、物候、农谚与老农:近代江南地区农事活动的运行机制》)

【芒种之天看麦茬】

麦茬:麦子收割后，遗留在地里的根茎。指北方地区到芒种时节小麦就收割完了，到地里可以看到麦茬。{例}他说:“芒种之天看麦茬。”还编了一段顺口溜:“麦上场，牲口忙;拉麦子，轧麦场;耠麦茬，送公粮。”(阿今《快板王》)

提示 此谚还说“芒种三日见麦茬”“芒种之日见麦茬”。

【人过小满说大话】

小满:在公历5月20日、21日或22日，表示草木开始繁茂，夏熟谷物籽粒开始饱满。指过了小满节，小麦丰收就有了把握，可以说肯定的话了。{例}再过四天，就是小满。人过小满说大话，今年麦子成色要比往年好。(贾平凹《黑氏》)

【夏至东风摇，麦子水中捞】

俗指夏至日如果刮东风，预示雨水特多，小麦会遭受涝灾。{例}夏至日，以东风为水征曰:“夏至东风摇，麦子水中捞。”(清·张焘《津门杂记》)

【夏至棉田草，胜如毒蛇咬】

指夏至后杂草生长很快，对庄稼的危害比被毒蛇咬过还大。{例}农谚说:“垄里有根草，好似毒蛇咬”，“夏至棉田草，胜如毒蛇咬”。特别是夏至后进入伏天，杂草病虫蔓延很快，更需加强田间管理。(梁凡尔《夏天到了》)

提示 此谚还说“夏至棉田草，胜似毒虫咬”“夏至不锄根边草，如同养下毒蛇咬”。

【夏至难逢端午日，百年难遇岁朝春】

端午:我国传统节日，在农

历五月初五日。岁朝(zhāo):正月初一。春:立春。指夏至与端午为同一天，春节那天正好是立春,预示风调雨顺,五谷丰收,都是百年难遇的吉兆。{例}崇祯元年元旦立春,谚云:“夏至难逢端午日,百年难遇岁朝春。”适际改元,尤千古罕遇,天道更始,圣作物睹,其以不言示与!(明·陆浚原《藜床沈余》)

提示 上例中的“元旦”,在古代是指正月初一，即春节,而不是指公历1月1日。

【夏至未来莫道热，冬至未来莫道寒】

莫道:不要说。冬至:在公历12月21日、22日或23日,表示寒冬的到来。夏至没有来不要说热,冬至没有来不要说冷。指夏至过后的三伏才是最热的时候,冬至过后的大寒才是最冷的时候。{例}石湖居士戏用乡语云:土俗以“二至”后九日为寒燠之候,故谚有“夏至未来莫道热,冬至未来莫道寒”之语。(宋·周遵道《豹隐纪谈》)

【夏至无雨,碓里无米】

碓(duì):舂米的器具。指夏至日不下雨,预示着大旱,为歉收之年,无米可舂。{例}夏至无雨,旱。谚云:“夏至无雨,碓里无米。”得雨其年必丰。(明·王象晋《群芳谱·天谱》)

【夏至西北风,瓜果一场空】

指夏至时节刮西北风,说明气温低,不利于瓜果生长。{例}人们还认为夏至时节气温应当升高,而且不能刮西北风,有“暑前不热，五谷不得”“夏至西北风,瓜果一场空”等说法。(李德复等《湖北民俗志》)

【夏至一阴生】

阴:寒气。指夏至之后阳气日渐衰弱，白天会越来越短。{例}古谓五月夏至节为阳衰阴生之节气,即寒气于此时开始发生,故有“夏至一阴生”之谚。(三国魏·曹植《〈令禽恶鸟论〉注》)

提示 此谚与“冬至一阳生”相对应。

【夏至有雷三伏冷，重阳无雨一冬晴】

三伏:初伏、中伏、末伏的总称。重(chóng)阳:传统节日,在农历九月初九。指夏至当天如果响雷,三伏就会凉快;重阳当天如果不下雨,预示整个冬季都是晴天。{例}又:除夜犬不吠,新年

无疫疠；又：夏至有雷三伏冷，重阳无雨一冬晴；又：卖絮婆子看冬朝，无风无雨哭号咷。（明·徐应秋《玉芝堂谈荟》）

【夏至雨，值千金】

指夏至时节正是庄稼需要水分的关键时期，每一滴雨水都像千金一样珍贵。｛例｝夏至这个节气，与农事关系很大。日照长，气温高，庄稼生长快，需水多，雨水适时而充足才会丰收。农谚说："夏至雨，值千金。"（邹南《日长之极——夏至》）

提示　此谚还说"夏至日下雨，一点值千金"。

【小满不满，麦有一险】

小满：在公历5月20日、21日或22日。指小麦到小满期间如果籽粒不饱满，容易受到干热风的侵袭，丰收就有风险。｛例｝农村的不少老农都有这样的习惯，在小麦即将成熟的时候，每天都要围着麦田转悠。多年的经验告诉他们："小满不满，麦有一险。"这一险，就是"干热风"的侵袭。在黄淮之间的广大麦区，这时确实容易出现"干热风"。（邹南《冬麦将熟——小满》）

【小满不满，芒种莫管】

不满：这里指不下雨。芒种：在公历6月5日、6日或7日。指小满当天如果不下雨，芒种时节就不好进行田间管理。｛例｝小满占：有雨岁熟。谚云："小满不满，芒种莫管。"（明·冯应京《月令广义·四月令》）

提示　此谚还说"小满不满，芒种不管"。

【小满大麦黄】

大麦：植株像小麦，叶稍短而厚，主要供酿酒、制麦芽糖和麦片等，也可作饲料。指小满是大麦成熟的时节。｛例｝从小满开始，北方大麦、冬小麦等夏收作物已经结果，籽粒渐见饱满，但尚未成熟，所以叫小满。小满一过，便要准备收割大麦了，民间流行"小满大麦黄"等农谚。（邓军力《小满小满，麦粒渐满》）

【小满动"三车"】

三车：缫丝车、榨油车、踏水车。指小满时节，江南农村三车齐动，一派繁忙景象。｛例｝小满乍来，蚕妇煮茧治车缫丝，昼夜操作。郊外菜花至是亦皆结实，取其子（籽），至车坊磨油，以俟沽客贩卖。插秧之人，又各带土

分科……传雨泛庠入田，谓之踏水车。号曰："小满动'三车'。"谓丝车、油车、田车也。（清·顾禄《清嘉录》）

【小满见"三新"】

三新：小麦、油菜、蚕豆。指小满时节，江南农家开始磨面粉、打菜籽、摘蚕豆。{例}岁既获，即插菜麦，至夏初则摘菜薹以为蔬，舂菜籽以为油，斩菜萁以为薪，磨麦穗以为面，杂以蚕豆，名曰春熟，郡人又谓之"小满见'三新'"。（清·顾禄《清嘉录》）

【小满雀来全】

指小满期间田野昆虫活跃，许多候鸟都追逐而来。{例}谚语说："小满雀来全。"这时，田野昆虫活跃，一般候鸟多追逐昆虫而来。因此，做好防虫准备工作，也是不容忽视的。（李若泉《小满》）

【小满天赶天】

指小满期间的农活一天比一天紧张。{例}华北："小满天赶天。"春播结束，夏收即将开始。田间管理、麦垄点种、夏收准备等农活集中，早计划，巧安排，往前赶，防御干热风对小麦的危害。（梁全智等《古今中外节日大全·小满》）

【小暑不算热，大暑三伏天】

小暑：在公历7月6日、7日或8日。大暑：在公历7月23日或24日。指小暑气候还不算最热，大暑进入末伏后才是最热的时候。{例}暑者，热也。热之中有大小。比起下一个节气——大暑来，小暑的气温还不算最热，只可说是大暑的开始，正如谚语所说："小暑不算热，大暑三伏天。"（邹南《大热开始——小暑》）

提示　此谚还说"小暑不算热，大暑正伏天"。

【小暑大暑，淹死老鼠】

指小暑、大暑期间雨水偏多，连洞里的老鼠都会淹死，要特别注意防汛防涝。{例}七月份进入汛期，有"小暑大暑，淹死老鼠""小暑大暑，灌死老鼠"的说法。这就是说，这个时期雨水多，要注意防汛、防涝。（顾爱芳《防汛工作早张罗》）

提示　此谚还说"大暑小暑，灌死老鼠"。

【小暑前，草拔完】

指小暑之前杂草滋生很快，要抓紧中耕除草。{例}节到小暑进伏天，天变无常雨连绵。主要农活是定苗、中耕除草、整枝和

防治病虫害。农谚说:“小暑前,草拔完。”(曲敞《初识节气谚语》)

提示 此谚还说“小暑前,草锄完”。

【小暑热得透,大暑凉飕飕】

指小暑如果热得厉害,大暑反而会比较凉快。{例}俗话说:“小暑不算热,大暑三伏天。”但有的年份到小暑前后就大热起来了,因而俗话又说:“小暑热得透,大暑凉飕飕。”但就总的趋势来看,从小暑到大暑进入伏天,是一年中最热的时候。(李建永《母亲词典》)

秋处露秋寒霜降

【八月白露又秋分,收秋种麦闹纷纷】

白露:在公历9月7日、8日或9日,表示气温下降快,湿度尚大,多露水。秋分:在公历9月22日、23日或24日,表示昼夜平分,气候适中。指农历八月恰逢白露、秋分两个节气,正是农家收获秋作物、播种冬小麦的大忙季节。{例}白露前后,农人正筹划着秋收与秋种,“八月白露又秋分,收秋种麦闹纷纷”。从北向南,秋收秋种正在展开。(邹南《天朗气爽——白露》)

提示 此谚中的八月是指农历,下条“八月立了秋,放牛晌一丢”中的八月是指公历。秋分还有一个意思,因为居秋季九十天之中,等于平分了秋季。

【八月立了秋,放牛晌一丢】

立秋:在公历8月7日、8日或9日,表示秋季的开始。晌(shǎng):歇晌,午间休息。指立秋之后要抓紧中午的时间放牧,不能再午睡了。{例}“八月立了秋,放牛晌一丢”,说的就是秋末中午不能休牧。(西农《放牧》)

【白露前是雨,白露后是鬼】

指白露以前下雨利于农作物生长,白露以后下雨就会损害庄稼,像是遇到鬼怪一样。{例}因为农作物被雨淋湿后,吸收了阴寒的气,水分不容易挥发,就会造成农作物损害,特别是黄河以北的地方,白露后若下雨,秋收就无法顺利,麦子将会有损害,所以有“白露前是雨,白露后是鬼”的说法。(陈哲毅《迈向八字大师之路的第一课》)

提示 此谚出自明·徐光启

《农政全书》，谚云:“白露日个雨,来一路苦一路。”又云:“白露前是雨,白露后是鬼。”也说“白露水,毒过鬼”。

【白露青黄不忌刀】

青：表示庄稼还没有成熟。黄:表示庄稼已经成熟。指北方到了白露时节,庄稼不管成熟不成熟,一律都得收割。{例}俗话说:“白露十天满山黄。”还说:“白露青黄不忌刀。”每年白露以后,各地便陆续开镰收秋。(李建永《母亲词典》)

【白露秋分夜,一夜冷一夜】

指过了白露、秋分之后,夜间的气候会一天比一天寒冷。{例}白天温度高,农作物生长发育快;夜间温度低,消耗少,有利于营养物质的积累,促进各种秋庄稼陆续成熟。因此,农谚便说“过了白露节，夜寒日里热”“白露秋分夜，一夜冷一夜”“齐白露,一半籽”等,说的也就是这个道理。(梁全智等《古今中外节日大全·白露》)

提示 白露是全年昼夜温差最大的一个节气,一般在10℃～15℃。白天温度还比较高,夜间温度就很低,靠近地面的水蒸气遇冷,便会凝结成白色的露珠。

【白露日,西北风,十个铃子九个空;白露日,东北风,十个铃子九个浓】

铃:棉桃。指白露当天刮西北风,预示棉花会减产;白露当天刮东北风，预示棉花会丰收。{例}棉产区是日忌风,谚云:“白露日,西北风,十个铃子九个空;白露日,东北风,十个铃子九个浓。”(乔继堂等《中国岁时节令辞典》)

【白露身不露，寒露脚不露】

寒露:在公历10月8日或9日,表示地面辐射冷却快,凝结的露水温度低。指白露在九月，天气已经变凉，不能袒露身体;寒露在十月,天气更冷,不能光脚了。{例}谚云:“白露身不露,寒露脚不露。”又云:“白露身子不露,免得着凉泻肚。”而且,将身体盖严实还有一大好处,即可以预防“白露蚊,咬死人”。(李建永《母亲词典》)

提示 此谚出自清·顾禄《清嘉录》,谚云:“白露身弗露。”言至是天气乃肃,可以授衣耳。

【白露早,寒露迟,秋分种麦正当时】

秋分:在公历9月22日、23

日或24日。指黄河流域播种小麦，白露有些过早，寒露有些过迟，秋分时节最适宜。{例}农谚说："白露早，寒露迟，秋分种麦正当时。"秋分时节，清晨乡间的树木草叶上可见到白色露水，而躲藏在菜园、草丛里的蛐蛐、蚂蚱等秋虫们也知道冷了，叫起来格外低声凄凉。但农民们对秋分的到来，可不敢掉以轻心，丰收的庄稼储藏好后，他们赶紧拉犁耕地，准备种植下一茬庄稼。（张辉祥《秋分》）

提示 此谚还说"白露早，寒露迟，秋分麦子正当时""白露早，寒露迟，只有秋分正当时"。

【白露种高山，秋分种高原，寒露种平川】

指小麦播种要区别不同的地块，适宜不同的节气。{例}立秋后，有雨就耙耱、保墒、碎胡积（土坷垃）为种麦积蓄水分。"白露种高山，秋分种高原，寒露种平川"，这是河东种麦的顺序。（王森泉等《黄土地民俗风情录》）

【白露斫高粱，寒露打完场】

斫(zhuó)：收割。指白露时收割高粱，到寒露时在场上晒干、脱粒就都结束了。{例}露见日则消，乡人皆知之而能言之也。"英英白云，露彼菅茅"，下露亦有云，乡人不知之而未尝言之也。曰露水，曰露水珠儿……曰"白露斫高粱，寒露打完场"。（清·李光庭《乡言解颐·天部》）

【处暑不露头，只中割喂牛】

处暑：在公历8月22日、23日或24日，表示炎热季节的结束。露头：结穗。指处暑时天气已经转凉，大秋作物如果还没结穗，只能给牛当作饲料。{例}嘉庆《密县县志》将谚语按时序排列，是一种别致的编排方法。如七月：天河南北，孩儿跟娘睡；天河掉角，涝饭豆角；天河东西，收拾冬衣。处暑不露头，只中割喂牛。（张紫晨《中国民俗与民俗学》）

提示 此谚还说"处暑不出头，割得喂了牛"。

【处暑割谷无老嫩】

谷：稻谷。指南方到了处暑时节，中稻不管是老是嫩，都得收割。{例}"处暑"表示暑天结束以后，暑气将逐渐消失。处暑时节正是收割中稻的时候，农村有"处暑开刀不问青""处暑割谷

无老嫩”等农谚。(李德复等《湖北民俗志》)

【处暑禾田连夜变】

指到了处暑时节,地里的庄稼成熟得很快,一天一个样子。{例}气温日差较大,昼暖夜凉,对农作物亦有重大的影响,十分有利于作物体内干物质的制造和积累。因此,处暑以后,果实成熟得格外快,正像农谚说的:“处暑禾田连夜变。”(邹南《热节之尾——处暑》)

【处暑若还天不雨,纵然结实也难收】

指到了处暑还不下雨,庄稼即使结了籽也难以成熟。{例}八月,秋兴:处暑日宜雨。谚云:“处暑若还天不雨,纵然结实也难收。”(清·顾禄《清嘉录》)

【处暑雨不通,白露枉相逢】

白露:在公历9月7日、8日或9日。指处暑时节不下雨,到白露下雨对庄稼就没用了。{例}《纪历撮要》:“处暑雨不通,白露枉相逢。”勉及时也。……处暑白露,相去月余,而雨露必欲相因者,创始难为功,继事易为力也。天时不可姑待,而况于人事乎!(清·林伯桐《古谚笺》)

【过了白露节,夜寒日里热】

指过了白露节以后,夜间虽然寒冷,但白天温度高。{例}白露是全年昼夜温差最大的一个节气,一般在10℃~15℃。古籍《群芳谱》中说:“阴气渐重,露凝而白也。”农谚说:“过了白露节,夜寒日里热。”(翟裕国《俗话白露》)

【过了立秋,栽了无收】

立秋:在公历8月7日、8日或9日。指晚稻栽植不能过了立秋,否则即使栽下去也不会有收成。{例}立秋一过,栽下去的晚稻便没有收成了,故农村流行“晚稻不过秋,过秋九不收”“过了立秋,栽了无收”“晚稻不插八月(指公历八月)秧”等农谚。(李德复等《湖北民俗志》)

【寒露,寒露,遍地冷露】

寒露:在公历10月8日或9日。指寒露的词义真是名副其实,这个时节遍地都是寒冷的露水。{例}如果说,白露节,标志着炎热向凉爽的过渡,暑气还未完全消尽,早晚间可见露球晶莹闪光,那么,寒露节则标志着凉爽向寒冷的过渡,露球寒光四射。到过田野的人都知道,寒露节

间,早晚赤脚走在草地上,会感到露水刺骨。“寒露,寒露,遍地冷露。”露珠确实是寒了。(邹南《菊有黄花——寒露》)

【寒露不低头,只有喂老牛】

低头:结穗。指寒露时天气已经变冷,晚稻如果还没结穗,只能当作牛饲料用。{例}寒露之时,露水已很凉了,故名之曰“寒露”。寒露时节是湖北农村收割晚稻、种油菜的时候,农村流行“寒露不低头,只有喂老牛”“寒露头,好种油”“寒露的油菜,霜降的麦”等农谚。(李德复等《湖北民俗志》)

【寒露的油菜,霜降的麦】

指南方一些地区在寒露时节播种油菜,霜降时节播种小麦。{例}寒露之时,露水已经很凉了,故名之曰“寒露”。农村流行“寒露的油菜,霜降的麦”等农谚。(韩英花《白露满地红黄白》)

【寒露花开不结子】

子:同“籽”。指作物如果种植得太晚,到寒露时节才开花,就不会结籽了。{例}“寒露花开不结子”:此日暮途穷之说,要人及早培植,勿任迟之又久,至露冷风寒时候而始开花也。虽天地洪恩,锡以晚遇,亦有名无实,故曰:“不结子。”(清·王有光《吴下谚联》)

【寒露没青稻,霜降一齐倒】

霜降:在公历10月23日或24日。指寒露一到,稻子全黄了;霜降一到,稻子就全部收割了。{例}八月,秋兴:稻田收割,又皆以霜降为候。盖寒露乍来,稻穗已黄,至霜降乃刈之。谚云:“寒露没青稻,霜降一齐倒。”(清·顾禄《清嘉录》)

提示 此谚还说“寒露无青稻,霜降一齐来”“寒露泛青稻,霜降一齐倒”。

【立秋不出头,割下喂老牛】

出头:结穗。指立秋时天气已经变凉,庄稼如果还没结穗,只能当作牛饲料用。{例}立秋不出头,割下喂老牛。言晚禾难实,过立秋节尚未吐穗,已无收获希望,不如割以饲牛之为愈也。(《卢龙县志》)

【立秋不带耙,误了来年夏】

耙(bà):耙耱。指立秋之后有雨却不耙耱,就不能为种麦积蓄水分,会误了来年的夏收。{例}“立秋不带耙,误了来年夏。”立秋后,有雨就耙耱、保墒、

碎胡积(土坷垃),为种麦积蓄水分。(王森泉等《黄土地民俗风情录》)

【立秋三场雨,麻布扇子高搁起】

指立秋以后下过三场雨,天气就凉了,不需要再用扇子。{例}有古诗说:"夏尽炎气微,火熄凉风生。"就是说的立秋之后的气温特点。民谚对这种变化则说得更为生动,"一场秋雨一场凉""立秋三场雨,麻布扇子高搁起"。(邹南《热节之尾——处暑》)

提示 此谚还说"立了秋,把扇丢"。

【立秋十八日,河里没有洗澡的】

指立秋十八天以后,河水渐凉,没有人下水洗澡了。{例}"秋后还一伏",末伏在立秋之后。可是"立秋十八日,河里没有洗澡的",我也注意过这个现象,这又是温度在减少的另一种体现。(苗得雨《"一年两个春"》)

【立秋十八天,寸草都结籽】

寸草:小草。指立秋十八天以后,小草都结籽了。{例}他不懂这些行话。他只懂得"枣芽发,种棉花""立秋十八天,寸草都结籽"。(李準《黄河东流去》)

【立秋十日懒过河】

指立秋十天后河水渐凉,人都不愿在水中行走。{例}立秋十日懒过河。立秋后水凉,故以过水为难。(《昌黎县志》)

【立秋十天动镰刀】

指华北地区在立秋十天后陆续收割大秋作物。{例}立秋温度开始下降,一般早晚有些凉意,中午前后依然炎热,甚至超过前两个节气的温度。农谚说:"立秋十日遍地红","立秋十天动镰刀"。(李华《立秋十日遍地红》)

【六月秋,便罢休;七月秋,热到头】

秋:立秋。指立秋如果在农历六月,天气很快就会凉爽;如果在农历七月,天气将持续炎热。{例}《田家五行》云:"六月秋,便罢休;七月秋,热到头。此于两月之间分立秋之早晚,同一义也。"(清·梁章钜《农候杂占》)

【齐白露,一半籽】

齐:齐平,指到了某个时间。白露:在公历9月7日、8日或9日。指庄稼到了白露时节,多数都会结籽,接近成熟。{例}白天温度高,农作物生长发育快;夜间温度低，消耗少，有利于营养物质的积累，促进各种秋庄稼陆续成熟。因此，农谚便说："过了白露节，夜寒日里热"，"白露秋分夜，一夜冷一夜"，"齐白露，一半籽"等，说的也就是这个道理。（梁全智等《古今中外节日大全·白露》）

【骑秋一场雨，遍地出黄金】

骑秋：立秋。指立秋时节下一场雨，秋作物就会长得茂盛。{例}七月，立秋雨：秋前五日为大雨时行之候，若立秋之日得雨，则秋田畅茂，岁书大有。谚云："骑秋一场雨，遍地出黄金。"（清·潘荣陛《帝京岁时纪胜》）

提示 此谚还说"立秋得微雨，银子捡得起""立秋雨淋淋，遍地生黄金"。

【千车万车，不如处暑一车】

车：水车。处暑：在公历8月22日、23日或24日。指平时踏车浇灌得再多，都不如处暑浇灌一次。{例}踏车经常在暑热天旱的时候，俗话说："六月晴，水如金"，"千车万车，不如处暑一车"。如遇旱涝灾情，踏车更为辛苦。（金煦等《苏州稻作木制农具及俗事考》）

提示 水车多见于南方，是利用带刮板的链带（条）或系汲筒的水轮，把水从低处提升到高处的一种提水工具，主要用于灌溉农田和排除积水。它的类型有龙骨水车、风力水车、管链水车等，通常由人力、畜力、水力、风力或电力带动旋转。

【秋分糜子不得熟，寒露谷子等不得】

秋分：在公历9月22日、23日或24日。糜（mí）子：也叫穄（jì）子，跟黍子相似，但籽实没有黏性。寒露：在公历10月8日或9日。指糜子到秋分时熟不熟都得收割，谷子到寒露时熟不熟都得收割，不能等待拖延。{例}秋季（8月26日至10月20日），季平均气温9.9℃，每月以7℃~9℃的速度下降。植物果实和种子成熟，开始收割庄稼。农谚有"秋分糜子不得熟，寒露谷子等不得"。（《佳县志》）

提示 此谚还说"秋分糜子寒露谷，熟不熟，就要割""秋分糜子寒露谷"。

【秋分种麦，前十天不早，后十天不晚】

指黄河流域播种小麦的适

宜时期是秋分的前后十天之内。{例}如以冬小麦播种为例，在黄河流域播种的适宜时期为秋分时节，正所谓“秋分种麦，前十天不早，后十天不晚”“白露早，寒露迟，只有秋分正当时”，而在华中就是“寒露霜降正当时”，浙江则为“立冬播种正当时”“大麦种过年，小麦冬至前”。(王加华《节气、物候、农谚与老农：近代江南地区农事活动的运行机制》)

提示 此谚还说“寒露种麦，前十天不早，后十天不迟”，这是由于不同地域和气候决定的。

【霜降见霜，米烂陈仓】

霜降：在公历10月23日或24日。陈仓：贮存陈谷的粮仓。指霜降日下霜，预示来年庄稼丰收，米多得能烂在粮仓里。{例}八月，秋兴：霜降日宜霜，主来岁丰稔。谚云：“霜降见霜，米烂陈仓。”若未霜而霜，主来岁饥。(清·顾禄《清嘉录》)

提示 此谚还说“霜降见霜，谷米满仓”“霜见霜，谷满仓”。

【霜降霜降，霜止清明】

清明：清澈明净。指霜降的意思就是降霜，过了霜降才会迎来清澈明净的雪花。{例}“霜降霜降，霜止清明。”时令又到了见霜的时节。……霜降，是秋季的最后一个节气，下一个节气就是立冬了。最能代表冬季特征的是雪。如果说露是霜的前锋，那么，霜则是雪的先导。(邹南《草木黄落——霜降》)

提示 此谚中的“清明”，不是指二十四节气中的“清明”。

【霜前冷，霜后暖】

指南方在霜降以前气候会变冷，霜降过后气候会转暖。{例}过了两天，大寒潮过去了，风也停止了，云层裂开了，打开窗户，那和煦的阳光从窗口透入，看来天气就要回暖了。可是就在这样的天气里，清晨的地面、屋顶上、枯黄的小草上，处处会出现雪白雪白的霜。怪不得在我国南方，人们常说：“霜前冷，霜后暖。”(尚醞《为什么说“霜前冷，霜后暖”？》)

【有稻无稻，霜降放倒】

指稻子一过霜降就不再生长了，有没有收成都得收割。{例}农谚说：“有稻无稻，霜降放倒。”家里人都赶着割稻子去了，院子南墙下有几只鸡在悠闲地

觅食。(董爱华《金橘满园》)

【早立秋,暮飕飕;夜立秋,热到头】

立秋:在公历 8 月 7 日、8 日或 9 日。暮:夜。指立秋的时间在早晨,整个秋季的夜晚都会感到凉爽;立秋的时间在夜晚,整个秋季的气温就会偏高。{例}“早立秋,暮飕飕;夜立秋,热到头。”此通行谚,颇不爽。(清·梁章钜《农候杂占》)

提示 此谚也说“早晨立了秋,晚上凉悠悠”,如邹南《炎蒸始退——立秋》:一立秋,虽然还会骄阳似火,但白天的树荫下,或者太阳落山之后,就会有凉风阵阵。正如民谚说的:“早晨立了秋,晚上凉悠悠。”而且风干爽了,失去了夏日的黏湿。

冬雪雪冬小大寒

【吃了冬至面,一天长一线】

冬至:在公历 12 月 21 日、22 日或 23 日,表示寒冬的到来。冬至日,北方民间有吃面条或吃饺子的习俗。指过了冬至后,白天的时间会逐渐延长。{例}过了冬至节,太阳的直射点便由南向北移动,北半球的白天一天比一天长,夜晚一天比一天短。民间有言:“吃了冬至面,一天长一线。”(邹南《数九起始——冬至》)

提示 此谚还说“吃了冬至饭,一天长一线”“吃了冬至的饭,一天多做一根线”等。冬至意为“冬月长至”,又称“长至”或“冬节”,是我国古代一个隆重的节日。魏晋时期,宫中用线量日影来确定时间,冬至后增添一根线。唐代也是以宫中女子做针线活用线的多少来估量时间的,冬至后白天长了,女工要多做一根线的活。过了冬至这天,白昼会越来越长,所以说冬至也孕育了春天的到来。

【大寒小寒,到头一年】

大寒:在公历 1 月 20 日或 21 日,气候达到最冷的时候。小寒:在公历 1 月 5 日、6 日或 7 日。指过了小寒大寒,就是春节,农历的一年就算结束了。{例}当时,是不能完全理解这些谚语的深意的,只是“大寒小寒,到头一年”还算明白,这是一个农历年份轮回的结尾点,是说这个年度在大寒节就圆满了,画上了句

号。(海中渔《小寒琐记》)

【大寒须守火,无事不出门】

守火:围炉取暖。指大寒在腊月,是一年中最冷的日子,没事最好不出家门。{例}十二月谓之大禁月。忽有一日稍暖,即是大寒之候。谚云:"一日赤膊,三日龌龊。"谚云:"大寒须守火,无事不出门。"(明·徐光启《农政全书》)

【大寒一场雪,来年好吃麦】

指大寒这天如果降大雪,就预示来年小麦丰收。{例}每个人都感觉到内心中有一件快活的事情,使自己不能在雪后安安宁宁待在温暖的屋里头。"大寒一场雪,来年好吃麦",这不是唯一的原因。(柳青《创业史》)

【大雪不封地,不过三二日】

大雪:在公历12月6日、7日或8日,是反映天气现象的节气,降雪量将由小变大,有可能出现积雪。指大雪当天即使土地不上冻,也不会超过三两天。{例}"大雪不封地,不过三二日",大雪后地难刨了;"白露早,寒露迟,秋分种麦正当时",这是生产知识;"打了春的萝卜,立了秋的瓜,死了媳妇走丈人家",这"三没味",既是生产知识,也是生活知识。(苗得雨《"一年两个春"》)

【冬前弗结冰,冬后冻杀人】

冬:冬至,在公历12月21日、22日或23日。弗(fú):不。杀:表示程度很深。指冬至前如果不见结冰,冬至后天气就会很冷。{例}十一月,连冬起九:冬至前宜寒。谚云:"冬前弗结冰,冬后冻杀人。"时则朔风布寒,晚景萧疏。(清·顾禄《清嘉录》)

提示 此谚还说"冬前弗见冰,冬后冻杀人""冬前不结冰,冬后冻杀人"。

【冬在头,卖被去买牛;冬至后,卖牛去买被】

冬:冬至。指冬至如果在农历月初,这年冬天就暖和,穷人可以把被子卖了去买牛;冬至如果在农历月末,这年冬天就寒冷,穷人只能把牛卖了去买被子。{例}过去,有关冬至的一些民谚,还耐人琢磨。如说:"冬在头,卖被去买牛;冬至后,卖牛去买被。"意思是说,冬至这天若在夏历月初,这年冬天就暖,在月末则冷。(邹南《数九起始——冬至》)

【冬至过，地皮破】

指过了冬至，应该抓紧耕地。{例}冬至时，湖北农村已到农闲期，此时，农人们将冬闲的田进行冬耕，以冻害虫，农村有“冬至过，地皮破”的说法。(李德复等《湖北民俗志》)

【冬至前后，鸿水不走】

鸿：同“洪”。指冬至节前后，气候非常寒冷，洪水都结冰不流了。{例}立冬前后起南北风，谓之立冬风。月内风频作，谓之十月五风信。谚云：“冬至前后，鸿水不走。”(明·徐光启《农政全书》)

提示 此谚还说“冬至前后，洒水莫走”。

【冬至未来莫道寒】

莫道：不要说。冬至没有来不要说冷。指冬至之后的大寒才是最冷的时候。{例}十一月，连冬起九：周遵道《豹隐纪谈》载范石湖语，谓从冬至后九日，为寒来之候，有“冬至未来莫道寒”之谚。(清·顾禄《清嘉录》)

提示 此谚还说“冬至不过天不冷”。据科学测定，冬至日太阳直射南回归线，北半球昼最短、夜最长，接受太阳辐射的时间是一年中最短的，但这时地面积蓄的热量还可提供一定的补充，所以气温还不是一年中最低的。冬至后虽然白昼时间日渐增长，但地面获得的太阳辐射仍比地面辐射散失的热量少，所以短期内气温仍继续下降。

【冬至无霜，碓杵无糠】

碓(duì)杵(chǔ)：舂米的用具。指冬至当天不见降霜，来年会遭受灾荒，连米糠都没有。{例}《江震志》云：“冬至日无霜，主来岁荒歉。”谚云：“冬至无霜，碓杵无糠。”(清·顾禄《清嘉录》)

【冬至一阳生】

阳：阳气，生长之气。指冬至之后阳气上升，白天将逐渐变长。{例}谚语又有“冬至一阳生”的说法，因为中国古代哲学思想中有“万物消长”的观点，也就是说，一岁之中，到冬至日止，“阴”的因素已经涨到头，“阳”的因素已经消到头，又开始一点点地回升增长，也就是说春天的脚步已经动了。(周简段《数九话寒天》)

提示 此谚与“夏至一阴生”相对应。

【过了大雪，迟了大麦】

大雪：在公历 12 月 6 日、7

日或8日。指过了大雪节气,播种大麦就迟了。{例}小雪过后,寒气日重,到“大雪”时节,“积寒凛冽,雪至此而大也”,故名之曰“大雪”。大雪过后,便不再适合种大麦了,故农谚云:“过了大雪,迟了大麦。”(李德复等《湖北民俗志》)

【过了冬,长一针;过了年,长一线】

冬:冬至。年:春节。指过了冬至后,白天的时间就会延长;过了春节,白天的时间就延长得更多了。{例}来成嘻嘻哈哈又说:“可不,人常说,过了冬,长一针;过了年,长一线。节令是个大事情。”(刘江《太行风云》)

【立冬不起菜,必定要受害】

立冬:在公历11月7日或8日。指立冬时节还不收获蔬菜,必定要遭受霜冻。{例}“立冬不起菜,必定要受害。”这时,寒流频繁,霜冻日趋严重。适时收获萝卜、白菜等蔬菜,成为农业上的重要活计。(梁全智等《古今中外节日大全·立冬》)

提示 此谚还说“立冬不砍菜,必定大雪盖”。

【立冬封地,小雪封河】

指北方到立冬时节土地就上冻了,小雪时节河水就结冰了。{例}华北农谚说:“立冬封地,小雪封河。”此时,江河结冻,满地冰霜,一派北国风光。隆冬季节,滴水成冰,不论城市农村,到处是冰的世界。(梁全智等《古今中外节日大全·小雪》)

【明冬暗年黑腊八】

冬:冬至。年:除夕。腊八:腊月初八。指冬至主要是白天过,除夕主要是黑夜过,腊八则赶在凌晨日出前过。{例}(腊八)这日天气皆阴晦,俗称“明冬暗年黑腊八”。早上日出前,要吃红豆焖饭。(《佳县志》)

【小寒大寒,冷成冰团】

指小寒和大寒时节,是一年中最冷的阶段,往往冻得人缩成一团。{例}但老百姓却往往将小寒、大寒一并视之,并不严加区别。谚语说:“小寒大寒,冷成冰团。”(邹南《腊鼓催春——小寒》)

【小寒小,大寒大,人们偏把小寒怕】

指北方的大寒是一年中最冷的时期,但人们从小寒就开始采取御寒措施了。{例}“小寒小,大寒大，人们偏把小寒怕……”孩子们只感觉这些歌谣押韵、上口，听起来连贯，记忆自然深刻。当时，是不能完全理解这些谚语的深意的。（海中渔《小寒琐记》）

提示 有的谚语说：“小寒不如大寒寒，大寒之后天渐暖。”这是一般规律，但有些年份，大寒交节的前后一两天气温降到最低值，天气特别寒冷，接着天气就会转暖，整个大寒期间，还不如小寒期间冷，所以素有“小寒时处二三九，天寒地冻北风吼”“小寒胜大寒”的说法。

【小雪封地，大雪封河】

小雪：在公历 11 月 22 日或 23 日。大雪：在公历 12 月 6 日、7 日或 8 日。指北方许多地方在小雪时节土地上冻，大雪时节河水就结冰了。{例}民谚说：“小雪封地，大雪封河。”进入大雪节，北国时见“千里冰封，万里雪飘”景象，原野覆盖着皑皑白雪，冰雪裹住了山头，堵塞了道路。（邹南《冰封地坼——大雪》）

十三、气　象

【宝塔云，雨淋淋】

指云似宝塔形状，预示会下大雨。{例}淡积云、浓积云、积雨云是积状云发展的不同阶段，所预示的未来天气也不同。谚语"馒头云，晒干塘""宝塔云，雨淋淋"等就是这种情况。（喜根《解读民间气象谚语》）

提示　气象是大气中的各种状态和现象的统称。比如大气温度的变化、大气压力的高低、空气湿度的大小、大气的运动、大气中的水汽凝结，以及由此而产生的云、雾、雨、雪、霜等。气象的变化过程，既可带来雨水和温暖，造福人类，也可造成酷暑、严寒，以至旱、涝、风、雹等灾害。这些现象，不同程度地反映在谚语里，可供大家参考。

【北斗东指，天下皆春】

北斗：即北斗星，排列成斗形的七颗明亮的星，常被用作指示方向和识别星座的标志。指北斗星的斗柄由北指转向东指时，人间就普遍是春天了。{例}仰望夜空，可见星辰在不知不觉中变换了位置，最引人注目的北斗星，那斗柄由北指转向东指，"北斗东指，天下皆春"。横扫人间，则到处可见生机勃发。（邹南《节气之首——立春》）

【北风三日定有霜】

指寒冷的北风连刮三天，一定会结霜。{例}霜是晴冷天气的产物。造成霜的低温是寒潮入侵，使温度速降形成的。人们常说"北风三日定有霜"，就是这个道理。（梁全智等《古今中外节日大全·霜降》）

【北闪三夜，无雨大怪】

闪：闪电。三夜：三更半夜。指如果三更半夜在北面天空有闪电出现，就一定会下大雨。{例} 北闪俗名北辰。闪主雨立至。谚云："北闪三夜，无雨大怪。"言必有大风雨也。(明·王象晋《群芳谱·天谱》)

提示 此谚也说"北辰三夜,无雨大怪"。

【春天的雪,狗也追不上】

指春天的阳光越来越暖和,即使下了雪,化得也很快。{例} 惊蛰忽然刮起大北风,便在一时里出现了不次于冬天的冷。有时春雪还不小,但有一条,"春天的雪,狗也追不上",它化得快。"吃了冬至饭,一天长一线",从冬至起,太阳从南回归往北走,大地的阳光越来越多,已经是下雨的时候了,再下的雪总化得快。(苗得雨《一年两个春》)

【春雾雨,夏雾热,秋雾凉风冬雾雪】

指春季起雾天将下雨,夏季起雾气候炎热,秋季起雾凉风阵阵,冬季起雾天将下雪。{例}农谚曰:"春雾雨,夏雾热,秋雾凉风冬雾雪。"可见,雾是气候变化的表征,一般在气候由暖变寒或由寒变暖的夜间及日出前出现。(小敏《冬季防雾邪》)

提示 此谚在古代作"春雾花香夏雾热,秋雾凉风冬雾雪",不同处是"春雾花香"。如清·梁章钜《农候杂占》卷三:"春雾花香夏雾热,秋雾凉风冬雾雪。此杭绍间谚,花香谓晴也。""花香谓晴也"与"春雾雨"意思相反,供参考。

【春雨不误路,雨停路也干】

指春天的雨总是淅淅沥沥,不会耽误走路;雨一停,路面就干了。{例}祝永康解开纽扣,脱掉棉袄,掏出手帕,伸长脖子,边擦着汗水边答道:"春雨不误路,雨停路也干。"(陈登科《风雷》)

【春雨贵如油】

指春天的雨对庄稼来说,如同食油一样可贵。{例}伍成龙边拧衣服上的水边说:"这雨正是时候!"康丰年:"春雨贵如油嘛。好雨!"(孙谦《黄土坡的婆姨们》)

提示 春雨常常会在夜间降落,"润物细无声"。这时候,黄河流域的冬小麦正在返青。据专家说,小麦从返青到拔节这一阶段,所需的水量约占全生育期需水量的12%。早春作物的播种,也需要一定量的水分。因此,春雨是十分可贵的。

【稻秀雨浇,麦秀风摇】

秀:庄稼抽穗扬花。指稻子秀穗时宜细雨浇洒,麦子秀穗时宜微风吹拂。{例}月内总占:月内宜风雨频。谚:"稻秀雨浇,麦秀风摇。"(明·冯应京《月令广义·四月令》)

【稻秀只怕风来摆,麦秀只怕雨来霖】

霖:同"淋"。指稻子秀穗时怕的是风吹,麦子秀穗时怕的是雨淋。{例}八月,秋兴。谚云:"白露白迷迷,秋分稻秀齐。"又以稻秀时忌风,谚云:"稻秀只怕风来摆,麦秀只怕雨来霖。"(清·顾禄《清嘉录》)

【东北风,雨太公】

太公:祖父。指夏天东北风如果刮得太急,紧接着就会下雨,好像风是雨的祖父一样。{例}"东北风,雨太公",夏天里它是下雨的标志。这是由于它是冷气流,南下时接触了比较热的洋面或陆面,使其内部发生了上冷下暖的对流现象,也就有了成云致雨的条件了。(婕妤《辨风向,可知雨》)

【东风两头大,西风腰里粗】

指东风是早晚风速大,西风是中午风速大。{例}在刮东风的时候,一天内的风速变化,却是早晚比午后来得大。如群众经验中有"东风两头大,西风腰里粗"的说法,这里的"两头"是指早、晚,"腰里"是指中午,"粗"是风大的意思。(尚醖《为什么午后的风速一般较大?》)

【东风阵雨西闪火】

闪:闪电。指刮东风可能下阵雨,西北天际闪电则不会下雨。{例}傍晚时分,风停了,雨没有来。天依旧燥热得人坐卧不安。西北天际的闪电不断。"东风阵雨西闪火",明天又是酷暑天。(张国擎《葱花》)

【东虹日头西虹雨,南虹出来卖儿女】

俗指东边天空出现虹,是晴天的预兆;西边天空出现虹,是下雨的预兆;南边天空出现虹,是天灾人祸的预兆。{例}故日在东则虹见西方,日在西则虹见东方。又入绛韵,义同,音降。乡谚云:"东虹日头西虹雨,南虹出来卖儿女。"以余所见,在东者多,在西者少,从未见在南时,不知何据。

（清·李光庭《乡言解颐·天部》）

提示 此谚也说“东虹晴，西虹雨，南虹涨大水，北虹出斫头鬼”“东虹萝卜西虹菜，南虹出来就是害”。据专家解释，虹必然是出现在太阳与雨相对的方向，南虹、北虹是罕见的。天空出现东虹，说明东方空气中存在较大水滴，表明云雨将移出本地，天气将转晴；天空出现西虹，说明西方的雨云将移到本地，天气将转为阴雨。

【东明西暗，等不得撑伞】

指东边天色明亮，西边天色发暗，很快就会下雨。{例}散会以后，众人从窑里仰头看天，估计着雨会来的迟早，在村道上走着，争执着，打着赌，但没有说雨会落空的。有人说：“东明西暗，等不得撑伞。”还有人说：“云十翻，冲倒山。”（柳青《种谷记》）

【东南风，燥松松】

指盛夏刮起东南风，天气干燥，不会下雨。{例}在江南地区，黄梅天一过去，就经常吹起东南风。农谚有“东南风，燥松松”，是说在盛夏吹东南风，天是不容易下雨的。（尚醯《为什么说“东南风，燥松松”？》）

提示 春季和冬季，江南地区冷空气占绝对优势，这时吹东南风表示有暖空气来到，而冷空气和暖空气交锋就会下雨，因此，“东南风，燥松松”这句谚语，在春季和冬季是不适用的。

【东南风生雾，西北风消雾】

指沿海地区刮东南风会起雾，刮西北风则消雾。{例}在雾季里，沿海渔民和广大海员，利用风向的变化，也可推测雾是将要形成，还是消散。例如“东南风生雾（在黄海以北，应为东北风），西北风消雾”。（尚醯《为什么我国沿海海面的雾，大多发生在春夏季节？》）

【东闪晴，西闪雨，南闪雾露北闪水】

闪：闪电。指东方闪电是晴天，西方闪电会下雨，南方闪电有雾露，北方闪电发大水。{例}“东闪晴，西闪雨，南闪雾露北闪水。”地方性热雷雨，雨区小，持续时间不长，天将转晴。东方响雷闪电，表示积雨云已移出本地远去，不会下雨。相反，西方响雷闪电说明冷锋将移到本地，预兆下雨。（蔡承智《农谚中的天气预报》）

【东闪日头西闪雨，南闪乌云北闪风】

指东方闪电是晴天，西方闪电会下雨，南方闪电起乌云，北方闪电刮大风。{例}夏秋之间多热电，晴而闪也。南闪晴，北闪雨。谚云："东闪日头西闪雨，南闪乌云北闪风。"（明·冯应京《月令广义·岁令》）

提示 此谚也说"东闪太阳红彤彤，西闪雨重重"。

【东闪西闪，不如南海肚一闪】

指东方西方如果同时闪电，一般不会下雨；如果只有南海一个方位闪电，就会下大雨。{例}"东闪西闪，不如南海肚一闪。"这是指在东南西北四个方位只有一个方位有闪电，其中南海方位有闪电，大雨很快就到来；如果四个方位两个以上出现闪电，即所谓"相激"，一般没有雨。（张叶彪《潮汕气象农谚趣谈》）

【冬东风，雨太公】

太公：祖父。指冬天如果刮起东风，雨雪就会下个不停，好像东风是雨的祖父一样。{例}"冬东风，雨太公。"冬宜西北风，反是则雨。（胡祖德《沪谚》）

提示 此谚与"东北风，雨太公"意思不同，主要强调冬季，而且是"东风"，不是"东北风"。

【冬里无雪，春里无雨】

指冬天如果不下雪，来年春天雨水就少。{例}那时清明已过，冬里无雪，春里无雨，人间种的麦苗看着要枯死。（《醒世姻缘传》）

【冬南夏北，有风便雨】

指冬天刮南风，夏天刮北风，一定会有雨雪。{例}夏天北风主雨，冬天南风主雪。谚云："冬南夏北，有风便雨。"（明·王象晋《群芳谱·天谱》）

提示 此谚也说"冬南夏北，转眼雨落"。一般冬天多刮北风、西北风，夏天多刮偏南风。"冬南夏北"就是反常现象，所以会变天。

【冬雪下三天，来年麦增产】

指冬天的雪如果下上三天，来年的麦子准能增产。{例}诸如"瑞雪兆丰年""冬雪下三天，来年麦增产""麦盖三次被，来年馒头睡"，这些谚语都有一定的科学道理。因为冬季下雪，对农业生产有保温、增墒、除虫、肥田等好处。（佚名《积雪与

农业》)

【朵朵瓦片疙瘩云，高温无雨晒死人】

指云似瓦片疙瘩形状，预示天晴高温。{例}哈尔滨方言在对白中常常会制造出一种妙趣横生的语境，尤其是谚语和歇后语的运用，常常会赋予语言表述一种神奇的力量。"老云接驾，不是阴就是下""朵朵瓦片疙瘩云，高温无雨晒死人"。(刘广海《"大白话"端上语言大餐》)

【二八月，看巧云】

指农历二月和八月，可以看到奇巧多变的云彩。{例}到了二八月，就会听奶奶说："二八月，看巧云。"那时候，天变得很高远，云变得很薄，像中国山水画一样清清淡淡。(金始轩《二八月看巧云》)

【风后暖，雪后寒】

指寒风过后，气温会回升变暖；大雪过后因消雪吸取热量，所以寒气更加逼人。{例}峦城天气变化无常，今年又是一个多雪的冬天，刚过立冬就下了两场大雪。俗语说得好："风后暖，雪后寒。"(舒丽珍《峦城火焰》)

【风是雨的头，风狂雨即收】

头：起头。指阵雨之前往往是先刮风，雨停之前也是风先增大。{例}"风是雨的头，风狂雨即收"，说的是阵雨前，往往是风打头阵，先刮风，雨才随后下降。雨停的时候也是风先增大，然后雨再停，即"狂风遮猛雨"。(婕妤《辨风向，可知雨》)

提示　此谚也说"风是溜头，雨在后头""风是雨头，屁是屎头"。

【干星照湿土，来日依旧雨】

干星：稀少的星星。指久雨的黄昏，天上如果出现稀疏的星星，第二天仍会下雨。{例}谚云："干星照湿土，来日依旧雨。"王建听雨诗云："半夜思家睡里愁，雨声落落屋檐头。照泥星出依然黑，淹烂庭花不肯休。"(宋·姚宽《西溪丛语》)

【河射角，堪夜作】

河：银河。角(jiǎo)：角宿，星宿名，东方苍龙七宿的第一宿。堪：可以。指银河斜穿角宿星指向西北时，已是农历七月日短夜长时，可以熬夜劳作了。{例}到暮秋之月的黄昏，在庭院中仰看银河，偏斜更甚，中分线竟移作对角线（矩形左上角引向右下角）。汉代谣谚云："河射角，堪夜作。"说的就是这个。此时秋分早已过去，日渐短，夜渐长，可以熬夜做白日未完成之工务，晚些就寝也无妨了。（流沙河《银河悬挂门外》）

提示 此谚出自东汉·崔寔《农家谚》，也说"河斜角，做夜作"。银河是横跨星空的一条乳白色亮带，是银河系主体在天球上的投影。它由无数恒星和星云组成，其轮廓不很规则，宽窄不一，最宽处达30度，最窄处只有10度，最亮的部分在人马座附近天区。

【黄梅天里见星光，不久来日雨更旺】

黄梅天：春末夏初梅子黄熟的一段时期，长江中下游地方连续下雨。指黄梅天里忽然见到星光，过不了多长时间，雨会下得更大。{例}当雨带推到江淮流域上空时，就下雨；当雨带向南或向北跑时，又是雨过天晴了。黄梅天就是这么个现象。所以人们流传着"明星照烂泥，日夜落不及"或"黄梅天里见星光，不久来日雨更旺"等说法。（尚醯《为什么江淮流域有黄梅天？》）

【急雨易晴，慢雨不开】

指雨下得急，就容易转晴；雨下得慢，就不容易转晴。{例}为什么说"急雨易晴，慢雨不开"？这是因为下急雨的积雨云和浓积云，是呈块状的，空间立体的面积大，而水平范围一般不大，约十几千米到几十千米，而且它的移动速度比较快，所以很快就会移过本地。（尚醯《为什么说"急雨易晴，慢雨不开"？》）

提示 此谚古时说"快雨快晴"，如明·徐光启《农政全书》，谚曰："快雨快晴。"

【疾雷易晴，闷雷难开】

疾雷：声音很响很急的雷声。闷雷：声音缓慢低沉的雷。指疾雷容易天晴，闷雷很难天晴。{例}有农谚说："疾雷易晴，闷雷难开。"疾雷是指雷声很响很脆的雷，一般产生于一块孤立的积雨云中。（韩希《雷暴与农谚》）

【今冬麦盖三层被，来年枕着馒头睡】

指冬季如果能连下三场好雪，来年的麦子一定会大丰收。{例}盼雪，它给大地带来了生机，给万物带来了希望，给人们带来了欢笑。“今冬麦盖三层被，来年枕着馒头睡”，这是人们对来年丰收最美好的企盼和憧憬。(韦云《雪颂》)

提示 此谚还说“今年雪盖二尺被，明年枕着馒头睡”“冬天麦盖三层被，来年枕着馒头睡”“麦盖三层被，头枕馒头睡”等。

【久晴大雾雨，久阴大雾晴】

指长久的晴朗天气忽然出现大雾，预示有雨；长久的阴雨天气忽然出现大雾，预示天晴。{例}“久晴大雾雨，久阴大雾晴。”……外来暖湿空气遇到较冷地面时，空气温度下降引起水汽饱和，预兆阴雨，故“久晴大雾雨”，相反，久雨、阴情况下的冷湿空气若升温，预示晴天来临。(蔡承智《农谚中的天气预报》)

【腊雪是被，春雪是鬼】

指腊月里下雪，像被子一样覆盖土地，对农作物有利；春天下雪，像鬼怪一样危害麦田，会使根部腐烂。{例}至后第三戌为腊。腊前三两番雪，谓之腊前三白，大宜菜麦。谚曰：“若要麦，见三白。”又云：“腊雪是被，春雪是鬼。”(明·徐光启《农政全书》)

提示 此谚还说“腊雪是个被，春雪是个鬼”。

【腊月有三白，猪狗也吃麦】

白：白雪。指腊月里如果能连下三场雪，来年麦子一定会大丰收，连猪狗都能吃上白面。{例}等他一开口，就更加感到这个想法不错了：“老乡，雪下得好大啊！‘腊月有三白，猪狗也吃麦’，来年的年成错不了啊！”(蒋和森《风萧萧》)

提示 此谚还说“若要麦，见三白”“一月见三白，田翁笑哈哈”“正月见三白，田公笑哈哈”等。

【老鲤斑云障，晒杀老和尚】

老鲤斑云：形状像鲤鱼鳞斑的大片云。杀：表示程度很深。指天空布满鲤鱼鳞片形状的云，预示第二天是高温气候，连修身养性的老和尚都受不了。{例}如古人对鱼鳞云观察的结果，曾产生过两个相反的谚语：“鱼鳞天，不雨也风颠”，“老鲤斑云障，晒杀老和尚”。前者主风雨，后者主晴，似乎自相矛盾，事实却不这样。(王毅《略论中国谚语》)

提示 此谚与“鱼鳞天，不雨也风颠”相对应。也说“天上起了鲤鱼斑，明日晒谷不用翻”。

【雷公先唱歌，有雨也不多】

指没有其他征兆却预先听到雷响，即使有雨也不会很多。{例}判断下雨的农谚还有很多，如“东闪太阳红彤彤，西闪雨重重”“先见电，后听雷，大雨后边随”“雷公先唱歌，有雨也不多”等，你若不信不妨记上几条，检验看看。(蔡承智《记农谚，识天气》)

【雷轰天顶，有雨不猛；雷轰天边，大水连天】

指雷在天顶上响，有雨也不会很大；雷在远处响，就会下很大的雨。{例}“雷轰天顶，有雨不猛；雷轰天边，大水连天”，指一块乌云从天边移来，随之电闪雷鸣，狂风大作，紧跟着下起大雨，但过一会儿又云消雨散。这就是大家常见的热雷雨。(蔡承智《记农谚，识天气》)

【犁星没，水生骨】

犁星：也叫三星，指天空中明亮而接近的三颗星，有参宿三星，心宿三星，河鼓三星。生骨：结冰。指三星消失之后，气候寒冷，水就开始结冰了。{例}“犁星没，水生骨。”这句古谚中的“犁”是指三星横斜若犁，“水生骨”是指水开始结冰。三星没了，天气更冷。(周采礼《星海数珍》)

提示 此谚出自东汉·崔寔《农家谚》。

【亮一亮，下一丈】

丈：计量单位，形容雨量大。指长时间下雨之后，天边忽然发亮，预示会有更大的雨。{例}吃早饭的时候，云层薄了，天色开了，眼前突然为之一亮。俗话说：“亮一亮，下一丈。”也许真有些道理。(吴越《括苍山恩仇记》)

提示 据专家解释，当乌云布满天空时，假若四际天边尤其是西北方的云层发白发亮，表明那部分云里有大雨点，它一移过来就要降雨。

【六月雨，是黄金】

指农历六月农作物最怕干旱，雨水像黄金一样珍贵。{例}前候湿暑之气蒸郁，今候则大雨以退暑也。时行者，以时而行。谚云：“六月雨，是黄金。”以此。(明·张存绅《(增定)雅俗稽言》)

提示 此谚也说“六月值连阴，遍地是黄金”“六月打连阴，点点是黄金”。

【露水起晴天，霜重见晴天】

指地面露水多、结霜重，预示天气会晴朗。{例}“露水起晴天，霜重见晴天。”霜、露都是在晴天少云、无风或微风的夜晚，由于地面辐射冷却形成的，所以，出现露、霜时，往往预兆晴天。（陨城《农业与气象》）

【麦收八、十、三场雨】

指小麦能在八月、十月、来年三月得到三场雨，就有望获得好收成。{例}“麦收八、十、三场雨。”一般说来，冬小麦生长期能有三场及时雨，就能获得好的收成。八月下一场雨，利于造墒整地，保证苗全苗壮；十月下一场雨，有利于增加冬小麦冬前分蘖和安全越冬；翌年三月下一场雨，有助于小麦早返青、快拔节和幼穗分化。（王恒华等《与冬小麦种植有关的部分农谚》）

提示 此谚在明代说“麦收三月雨”，如王象晋《群芳谱·谷谱》：“种麦，喜粪有雨佳，春雨更宜。谚云：‘麦收三月雨。’”

【满天星，明天晴】

指天空布满星星，次日一定是晴天。{例}由于副热带高压控制，空气性质比较干燥稳定，一般天气的变化是很少的，所以用夜间星星多的特征，来判断未来的天气少变，说明次日天气将继续晴好，是正确的。因此还有“满天星，明天晴”“夜里星光明，明朝依旧晴”的说法。（尚醞《为什么夏天晚上看到星星越多，明天的天气越热？》）

【满天星斗光乱摇，或风或雨欲连朝】

连朝（zhāo）：连日。指满天繁星闪烁不定，预示风雨将连日不断。{例}星光烁灼不定主风。明星照烂地，明朝雨不住。雨后一星明，今宵天必晴。满天星斗光乱摇，或风或雨欲连朝。（明·冯应京《月令广义·昼夜令》）

提示 此谚也说“星星眨眼，离雨不远”。

【棉花云，雷雨鸣】

指云似棉絮形状，就会下雷阵雨。{例}絮状或堡状高积云，这种云又叫棉花云，常在夏天晴空中出现，状如一簇簇散乱而破碎的棉絮。它一出现，很快就会下雨，故有“棉花云，雷雨鸣”之说。（冯明理《夏收天看云测雨三法》）

提示　此谚也说“棉絮云，雷雨临”。

【明星照烂泥，日夜落不及】

烂泥：雨后的泥地。指久雨的黄昏突然出现满天星斗，预示还要下大雨。{例}当雨带推到江淮流域上空时，就下雨；当雨带向南或向北跑时，又是雨过天晴了。黄梅天就是这么个现象。所以人们流传着“明星照烂泥，日夜落不及”或“黄梅天里见星光，不久来日雨更旺”等说法。（尚醯《为什么江淮流域有黄梅天？》）

提示　此谚也说“明星照烂地，来朝依旧雨”。

【南风尾，北风头】

指南风是越刮越猛，猛在后尾；北风开始刮起来就很猛，猛在先头。{例}谚曰：“南风尾，北风头。”盖地势北高而南下，南风从下而起，故曰尾。又南风愈吹愈大，其大在尾。北风初起即大，其大在头也。（屈大钧《广东新语》）

【秋霜夜雨肥如粪】

指入秋后早晨下霜，夜里下雨，如同给植物上粪。{例}初秋时节，每天夜间都洒落一场绵密的细雨。俗话说：“秋霜夜雨肥如粪。”温暖的雨水滋养山林，催得百草结籽，百果成熟。（叶蔚林《茹母山风情》）

【日落三条箭，隔天雨就现】

指太阳落山时，天上如果出现三条箭形的云彩，就预示第二天会下雨。{例}麦子收到第四天，竞赛正搞得热火朝天，我们发现有雨情了。先是在太阳落山时候，我们发现天空上有三条箭形，按照农谚说：“日落三条箭，隔天雨就现。”（李準《耕云记》）

【日落十里赶县城】

指夏天昼长，太阳落山时出发，还能赶十里路才会天黑。{例}本来，夏天的黄昏是很长的，平原上有句俗语说：“日落十里赶县城。”（峻青《山鹰》）

【日落云里走，雨在半夜后】

指春夏季节太阳落在乌云里，后半夜就会下雨。{例}西边的天空一旦出现了一整片、一整片的云层，并且愈来愈多，几乎把整个地平线都遮盖住了，太阳下山时，又是朝着云里走，那么，我们会高兴地说：“日落云里走，雨在半夜后，今夜会下雨啦。”（尚醯《为什么说“日落云里走，雨在半夜后”？》）

提示 此谚出自明·徐光启《农政全书》，也说“日落乌云帐，半夜听雨响”。

【日没胭脂红，无雨也有风】

胭脂：一种红色化妆品，多涂在脸蛋或嘴唇上。指太阳落山之后，西天出现胭脂红色，预示第二天会刮风下雨。{例}日没返照，主晴。俗名为日返坞。一云：“日没胭脂红，无雨也有风。”或问：“二候相似，而所主不同，何也？”老农云：“返照，在日没之前；胭脂红，在日没之后。”（明·徐光启《农政全书》）

提示 此谚也说“日没胭脂红，无雨必有风”“日入胭脂红，无雨也有风”。

【日头钻嘴，冻死小鬼】

日头钻嘴：太阳从地平线上露出头。指冬季太阳刚露头的时候，气候最寒冷。{例}俗话说：“日头钻嘴，冻死小鬼。”在冬季的一天中，这个时候冷得最蝎虎。即在立春以后，早晨也寒风刺骨。（董玉振《精明人的苦恼》）

【日晕三更雨，月晕午时风】

日晕（yùn）、月晕：太阳、月亮周围出现光圈。三更：半夜23点至次日1点。午时：上午11点到下午1点。指太阳周围出现光圈，半夜就会下雨；月亮周围出现光圈，中午就会刮风。{例}还有“日晕三更雨，月晕午时风”。晕是日光或月光照射云中的冰晶时产生反射和折射而形成的。它多数产生于气旋来临前后的卷层云中。因此，晴天之后出现晕，预示有风雨。（蔡承智《农谚中的天气预报》）

提示 此谚也说“日晕半夜雨，月晕午时风”。

【日晕主雨，月晕主风】

指太阳周围出现光圈，是下雨的征兆；月亮周围出现光圈，是刮风的征兆。{例}谚语“日晕主雨，月晕主风”，则梅圣俞所谓“月晕每多风，灯花先作喜；明日挂归帆，春湖能几里”也。（明·杨慎《升庵诗话》）

提示 此谚也说“月晕主风，日晕主雨”。

【瑞雪兆丰年】

瑞：吉祥。指顺应时令的大雪，是五谷丰收的好兆头。{例}雪像棉被一样盖在麦田上，防冻；雪还可以冻死越冬的害虫，冬雪大则来年虫害小。总之，“瑞雪兆丰年”。因为雪有益于人类，

雪便美了。(邹南《初雪时节——小雪》)

【山头戴帽,平地淹灶】

戴帽:云雾笼罩。指山顶被云雾笼罩,预示有大雨,平地的积水会淹没灶台。{例}“雾是山中子。”谚云:“山头戴帽,平地淹灶。”(明·杨慎《补范石湖占阴晴谚谣》诗)

提示 此谚也说“山顶戴帽,必有雨到”。

【十里不同风,百里不同天】

指相隔十里地,风向就不一样;相隔百里地,气候就不一样。{例}现在的形势,就好比这霜夜。我们这里被霜冻包围着,可是,“十里不同风,百里不同天”,别的地方,大的地方,就不一定是这样。(罗旋《南国烽烟》)

提示 此谚也说“隔里不同风”“十里不同雨,百里不同风”。

【十月十回霜,有谷没仓藏】

指农历十月降霜多,预示来年粮食大丰收,仓库里都盛不下。{例}十月:多霜主来岁熟。谚曰:“十月十回霜,有谷没仓藏。”(《南昌县志》)

【十月无霜,碓头无糠】

碓(duì):捣粮用具。指农历十月不降霜,预示来年庄稼歉收,连糠皮都不会有。{例}十月无霜,碓头无糠。十年难遇一斤霜。以十月内有霜主下年丰稔,而十六日之霜尤为难得也。(《平坝县志》)

提示 此谚也说“十月无霜主大荒”。

【天河东西,浆洗寒衣】

天河:即银河。浆:旧时把衣物洗净后,用米汁浸泡,干后就能平挺。指银河横卧天空南北为秋天,移成东西方向则标志着冬天将到,应该拆洗缝制御寒的衣服了。{例}夏小正注引“天河东西,浆洗寒衣”……先儒皆以解经,不但诗词之资而已。(明·杨慎《升庵诗话》)

提示 此谚也说“天河东西,收拾棉衣”“天河东西,收拾冬衣”。

【天上钩钩云,地上雨淋林】

指天上出现形如逗号的钩卷云,不久将会下大雨。{例}几千年来,人们经过长时期对云的变化观测,积累了丰富的经验,并用生动的语言编成天气谚语,如“云朝南,水漂船”“天上钩钩云,地上雨淋林”。(贺月

玲《十万个为什么·天文》)

提示 此谚也说“天上钩钩云,地下雨淋淋”“钩钩云,雨淋淋”。“钩钩云”,气象学上称“钩卷云”。它是一种丝缕状的高云,向上的一端有小钩或小簇的白色云丝,云层薄而透明,往往在七八千米的高空出现。当钩卷云移过后,就要出现高积云、雨层云,不久将要下雨了。

【天上有了扫帚云,不出三天大雨淋】

指天上出现扫帚形状的云,三天之内必定会下大雨。{例}关书记还领导着我们,把每条农谚加以研究选择,加上对照说明,比如“天上有了扫帚云,不出三天大雨淋”。(李準《耕云记》)

【未雨先雷,到夜不来;未雨先风,来也不凶】

指尚未下雨先响雷,到夜里都不会下雨;尚未下雨先起风,雨势也不会太大。{例}晴雨占:“未雨先雷,到夜不来;未雨先风,来也不凶。”见《古占年语》。(清·梁章钜《农候杂占》)

【乌云在东,有雨不凶;乌云集西,大雨凄凄】

指乌云集中在东边,即使有雨也不大;乌云集中在西边,就会大面积下雨。{例}通常,我国大部分地区位于地球上的中纬度地带,高空盛行西风,云天变化常是自西向东影响的。谚语“乌云在东,有雨不凶;乌云集西,大雨凄凄”“云往东,一场空;云往西,水凄凄”,反映的正是这样的状况。(喜根《解读民间气象谚语》)

提示 专家认为,此谚指的云多是密布全天、低而移动较快的云。云向与云所在高度上风向一致,在锋面气旋东部为东风,北部为东北风。东部与北部均为阴雨,所以云向西和云向南,预示将进入锋面气旋的阴雨地区。

【五月六月看老云,七月八月看巧云】

老:形容浓黑的程度。指农历五月、六月的云是浓黑的,七月、八月的云是奇巧轻薄的。{例}五月六月看老云,七月八月看巧云。五六月油然作云,故曰老;七八月秋云似罗,故曰巧。(《昌黎县志》)

提示　此谚也说“五六月，看恶云；七八月，看巧云”。

【雾沟晴，雾山雨】

指大雾罩住山沟预示天晴，罩住山顶则预示下雨。{例}山顶雾曰山戴帽，谚曰：“雾沟晴，雾山雨。”凡雾在山巅必有雨。(明·李实《蜀语》)

【雾露不收定是雨】

指太阳出来后，大雾和露水仍然不消散，当天一定会下雨。{例}凡重雾三日，主有风。谚云：“三朝雾露起西风。”若无风，必主雨。又云：“雾露不收定是雨。”(明·徐光启《农政全书》)

提示　此谚也说“雾露不收就是雨”“大雾不散就是雨”。

【西风头，南风脚】

头：开头。脚：末尾。指西风初起比较猛烈而后慢慢减弱，南风初起缓慢但越刮越急。{例}《田家五行志》：南风愈吹愈急，北风初起便大。谚云：“南风尾，北风头。”又曰：“西风头，南风脚。”(清·杜文澜《古谣谚》)

【下雪不冷消雪冷】

指下雪时吸冷放热，所以不觉得寒冷；雪化时吸热放冷，反而感觉到寒冷。{例}月亮像一个大冰盘，照得大地上的积雪发出冷光。常言说“下雪不冷消雪冷”，雪后的寒夜更冷。(王波《女秘书去毛家湾》)

提示　此谚也说“下雪不冷化雪寒”“下雪不冷化雪冷”。据科学测定，雪在凝结时要释放热量，因此人们感觉不太冷；雪消时要吸收空气中的热量，因此人们感到特别冷。

【夏末秋初一剂雨，赛过唐朝万斛珠】

一剂雨：一场大雨。斛(hú)：古代量器，一斛为十斗。指夏末秋初的一场及时雨，对水稻来说比唐朝的千万斛珠宝都珍贵。{例}夏秋之交：稿稻还水，喜水多，岁稔。谚：“夏末秋初一剂雨，赛过唐朝万斛珠。”(明·冯应京《月令广义·六月令》)

提示　此谚也说“夏末秋初一剂雨，赛过唐朝一囤珠”。囤(dùn)：用荆条、竹篾、稻草等编成的储粮器具。

【夏雨分牛背】

指夏天的猛雨区域性很强，隔着牛背就有两种天气：一边淋雨，一边暴晒。{例}幼时闻父老言：前宋时，平江府昆山县作水灾,邻县常熟却称旱。……丞相怪问,亦然。众人因泣下而告曰:“昆山日日雨,常熟只闻雷。”丞相谓:有此理。悉听所陈。至今吴中相传以为古谚。又谚云:“夏雨隔田晴。”又云:“夏雨分牛背。”(明·徐光启《农政全书》)

提示 此谚也说“六月下雨隔田塍”“夏雨分牛迹”“夏雨隔田晴”“夏雨隔牛背,秋雨隔灰堆”“夏雨隔灰堆,秋雨隔牛背”“夏雨隔丘田,乌牛湿半肩”。

【严霜出杲日,雾露是好天】

严霜:浓霜。杲(gǎo)日:明亮的太阳。指黎明时出现浓霜雾露,当天肯定是红日高照的好天气。{例}北方有句谚语:“严霜出杲日,雾露是好天。”今天保准又是个好天气。(郭明伦等《冀鲁春秋》)

【一场春雨一场暖】

指春季每下一场雨,就会增加一番暖意,天气会越来越热。{例}当暖空气向北挺进时,它会排挤冷空气,使暖空气占领了原来被冷空气盘踞的地面,因此在暖空气到来之前,这些地方往往先要下一场春雨。“一场春雨一场暖”的感觉就是因为这个缘故。(尚醞《为什么说“一场春雨一场暖”?》)

提示 此谚与“一场秋雨一场寒”相对应。

【一场冬雾,一场春雪】

指南方冬天多一场雾,开春就会多一场雪。{例}雾占:“一场冬雾,一场春雪。”此吴中谚。(清·梁章钜《农候杂占》)

【一场秋雨一场寒,阵阵秋风加衣衫】

指北方秋季每下一场雨,就会增添一番寒意;随着一阵阵秋风吹来,需要添加衣衫。{例}此时,北方冷空气频频南下,造成“秋风阵阵,秋雨连绵”的天气。农谚中所说的“一场秋雨一场寒,阵阵秋风加衣衫”,反映了这一节气在这些地区的气候特点。(梁全智等《古今中外节日大全·秋分》)

提示 此谚也说“一场秋雨一场寒,三场秋雨要穿棉”“一场秋雨一层衣,十场秋雨要穿棉”。

【一个星,保夜晴】

指雨后只要出现一个星星,就能保证一夜天晴。{例}谚云:“一个星,保夜晴。”此言雨后天阴,但见一两星,此夜必晴。(明·

徐光启《农政全书》)

【一日南风三日暴】

暴:寒潮。指江南的冬季有一天忽然刮起偏南风,预示三天以内会有寒潮袭来。{例}在寒冷的冬天,如果天气突然反常地暖和起来,并且刮起了偏南风,这就预示寒潮将要影响本地区。江南地区流传的谚语“一日暖,三日寒”“一日南风三日暴”就是这个意思。(尚醞《为什么寒潮来前总要暖和一两天?》)

【银河吊角,鸡报春早】

指银河掉转角度指向西北时,公鸡都早早啼鸣,报告春天即将到来。{例}银河斜穿苍龙指向西北,物换春回,正是生产大忙之时。民间流传“银河吊角,鸡报春早”的谚语,人们所以加班加点,熬夜劳作。(周采礼《星海数珍》)

【有雨山戴帽,无雨山没腰】

戴帽:比喻云雾笼罩。指云雾笼罩着山顶,预示有大雨;云雾缠绕在山腰,就不会下大雨。{例}就观察自然景物而言,有“烟扑地,雨连天”“有雨山戴帽,无雨山没腰”。例如有人观察,如果浓云盖住南澳岛,老天在几天内就会下雨。(张叶彪《潮汕气象农谚趣谈》)

提示 此谚具有普遍性。据专家解释,只有当成层的低云掩蔽山顶,而且云底越来越低,最后甚至将山全部淹没时,才是下雨的预兆。在山地,风速一大,往往会出现动力抬升的云,这种云高度不高,只出现在山腰,它们都是局部地区性的云,不大会降雨。

【鱼鳞天,不雨也风颠】

指蓝天上出现鱼鳞状的白色小云片,即使不下雨也会刮大风。{例}卷积云又叫鱼鳞云,常出现在蔚蓝色的天空。白色的小云片,排列整齐而又紧密,状似鱼鳞或湖上涟漪微波,持续时间较短。它的出现是晴转雨天的征兆,故有“鱼鳞天,不雨也风颠”之说。(冯明理《夏收天看云测雨三法》)

提示 此谚与“老鲤斑云障,晒杀老和尚”相对应。

【雨后一星明,今宵天必晴】

指下雨后只要出现一颗明亮的星星,当天晚上就一定会转晴。{例}星占:星光烁灼不定主风。明星照烂地,明朝雨不住。雨

后一星明，今宵天必晴。满天星斗光乱摇，或风或雨欲连朝。（明·冯应京《月令广义·昼夜令》）

【雨间雪，无休歇】

休歇：停止。指冬雨夹着雪花，短时间不会停止。{例}冬雨：冬甲子雨雪飞千里。神枢云："冬甲子雨飞沙千里。壬寅癸卯雨，主粟贵。"谚："雨间雪，无休歇。"（明·冯应京《月令广义·冬令》）

提示 此谚也说"夹雨雪，无休歇""夹雨夹雪，无休无歇""雨夹雪，不停歇"。

【月到中秋分外明】

指月亮到了中秋时节比平日更加明亮。{例}秋月，是秋季的特色，古语云："月到中秋分外明。"……中秋节正当秋分，太阳几乎是直射到月亮朝向地球的一面，所以月亮看起来就显得又圆又亮。中国人习惯使用阴历，月亮几乎成了中华民族悬在九天上的一个日历。（盖国梁《节趣·中秋》）

提示 早在东汉时，张衡的《灵宪》一书就记载："月光生于日之所照，魄生于日之所蔽，当日则光盈，就日则光尽。"这就是说：月亮之所以会发光，是因为受到日光的照耀反射。当月球被太阳照射转向地球时，就是农历十五，称为"望"。这天的月相最大最明亮，因此有歇后语说："中秋节的月亮——正大光明。"

【月亮打红伞，明天是风天】

打红伞：比喻出现内红外紫的光环。指月亮周围出现红晕，预示第二天有大风。{例}"月亮打红伞，明天是风天。"打红伞是指月亮周围有晕（内红外紫）出现，卷层云多有晕的现象。天空出现卷层云，多预示有锋面移来，预兆有大风出现。（陨城《农业与气象》）

提示 此谚与下条"月亮打蓝伞，明日晒破脸"相对应。

【月亮打蓝伞，明日晒破脸】

打蓝伞：比喻出现内蓝外红的光环。指月亮周围出现蓝晕，预示第二天是晴天。{例}"月亮打蓝伞，明日晒破脸。"打蓝伞是指月亮周围有华（内蓝外红的光环）出现。只有透光高积云才有华出现。太空出现高积云，预兆明天晴好。（陨城《农业与气象》）

【月晕而风，础润而雨】

月晕（yùn）：月亮周围出现

光圈。础:柱子底下的石礅。润:潮湿。指月亮周围出现光圈就会刮风,柱子底下的石礅潮湿就会下雨。{例}月晕而风,础润而雨,人人知之,人事之推移,理势之相因。(宋·苏洵《辨奸》)

提示 此谚还说“础润知雨,月晕知风”“月晕而风,础汗而雨”“月晕知风,础润知雨”“月亮有晕要刮风”等,也比喻事情发生之前必定有征兆。

【云交云,雨淋淋】

指云层交错穿行,是下大雨的征兆。{例}“云交云,雨淋淋。”在同一时间里,空中存在着互相重叠的高低不同的云,行向不一,互相穿行,出现你挤我撞的混乱景象。这说明空气中有扰动或处于锋面附近大气不稳定,水汽充足。云色较黑,云层低而厚,常有积雨云存在,会下雷雨或大雨。(陨城《农业与气象》)

【云霓满天似鱼鳞,来朝日头晒杀人】

云霓:彩色的云。来朝(zhāo):明早。杀:表示程度很深。指彩云布满天空,就像鱼鳞一样,第二天一定是晴天。{例}霞占:朝霞干红,主晴;带褐色,主雨。褐色满天曰霱,得过,若西天有浮云,稍重,雨立至。“云霓满天似鱼鳞,来朝日头晒杀人。”(明·冯应京《月令广义·昼夜令》)

【云十翻,冲倒山】

指乌云翻腾得厉害,就会下暴雨,几乎要把山冲倒。{例}散会以后,众人从窑里仰头看天,估计着雨会来的迟早,在村道上走着,争执着,打着赌,但没有说雨会落空的。有人说:“东明西暗,等不得撑伞。”还有人说:“云十翻,冲倒山。”(柳青《种谷记》)

【云似炮车形,没雨定有风】

指云呈炮火烟雾形状,即使不下雨,也一定会刮风。{例}云起下散四野,满目如烟如雾,名风花,主大风立至。谚云:“云似炮车形,没雨定有风。”(明·王象晋《群芳谱·天谱》)

【云行东,车马通;云行西,马溅泥;云行南,水涨潭;云行北,好晒麦】

行(xíng):流动。密布满天的云往东行不会下雨,往西行会下小雨,往南行会下大雨,往北行转为晴天。指云向东与北,都是晴天;向西与南,则为阴雨天。

{例}云行东,车马通;云行西,马溅泥;云行南,水涨潭;云行北,好晒麦。(汉·崔寔《农家谚》)

提示 此谚从古到今变体很多,如"云行东,雨无踪;云行西,马践泥;云行南,雨潺潺;云行北,一场黑""云往东,刮大风;云往西,披蓑衣;云往南,撑大船;云往北,发大水""云朝东,地场空;云朝西,观音老母披蓑衣;云朝南,水潭潭;云朝北,千砚墨""云彩往东一阵风,云彩往西水和泥,云彩往南水连天,云彩往北一阵黑"等,不能一一列出。

【云罩中秋月,雨打上元灯】

中秋:八月十五。上元:正月十五。乌云罩住中秋的月亮,雨雪就会扑打上元的灯展。指八月十五的天气不好,正月十五的天气也不会好。{例}岁时俗谚:"云罩中秋月,雨打上元灯。"(明·冯应京《月令广义·岁令》)

提示 此谚还说"八月十五滴一星,正月十五雪打灯""八月十五云遮月,正月十五雪打灯""雨打上元灯,云罩中秋月""云暗中秋月,雨打上元灯""中秋有月,来岁有灯"等。

【早看东南,晚看西北】

指早晨看东南方有红霞,是下雨的征兆;傍晚看西北方有红霞,是晴天的征兆。{例}吴在圃摇着扇子道:"这事可真不大好受呢。你们瞧瞧这天色吧,今晚上有暴风雨的可能。有道是早看东南,晚看西北,现在西北角的天色,可就完全沉下去了。"(张恨水《巴山夜雨》)

【早霞不出门,晚霞行千里】

指早晨的霞预示当天有雨,不宜出门;傍晚的霞预示次日天晴,可以远行。{例}太阳在西边的天际变成一团火红。俗话说早霞不出门,晚霞行千里,他希望明天会是一个阳光灿烂的晴天!(李升禹《美丽之行》)

提示 此谚的变体也很多,如"早霞不出门,晚霞走千里""朝霞不出门,暮霞行千里""朝霞不出门,晚霞行千里"等。大致说来,空气中的水汽、尘埃杂质越多,彩霞的颜色就越鲜艳;反之,彩霞的颜色就越淡,所以,彩霞的色彩与出没,能预兆天气的变化。

【正月里，雨水好；二月里，雨水宝】

指正月和二月里的雨水，对万物都很珍贵。{例}“正月里，雨水好；二月里，雨水宝。”雨水对于人类，对于万物，对于大地，皆是甘霖。（邹南《春雨将至——雨水》）

十四、物　候

【布谷鸣,小蒜成】

布谷:鸟名,鸣叫的声音像"布谷",又鸣于播种时,相传为劝耕之鸟。小蒜:野生的一种蒜,根和茎都比大蒜小。指春天布谷鸣叫的时候,地里的小蒜就可以采食了。{例}杏再花,夏有色;李再花,秋大霜。又:"布谷鸣,小蒜成。"(明·徐应秋《玉芝堂谈荟》)

提示　物候是动物和植物在生长、发育过程中对气候的反应。如植物的萌芽、开花、结实等,动物的蛰眠、复苏、始鸣、繁育、迁徙等。农民常根据物候安排农事,从事生产活动。另外,惊蛰、清明、小满、芒种、处暑,都是反映物候的节气,有关这方面的谚语,请在"节气"篇里查找。

【蝉虫叫得狂,大雨落得欢】

蝉虫:知了(liǎo),雄的腹部有发声器,能连续发声。指蝉虫叫得疯狂,预示即将下大雨。{例}蚯蚓夜间路上走,老天定不好,因为天闷热,它们在地下或洞穴里憋得喘不过气来,只好到地面呼吸空气,证明老天快要下雨。还有"狗仔乱拉屎,大雨将到来""蝉虫叫得狂,大雨落得欢"等。(张叶彪《潮汕气象农谚趣谈》)

【巢知风,穴知雨】

指栖息在鸟巢的鸟儿能感受到风,潜伏在地穴的昆虫能感受到雨。{例}杭州净慈自得慧晖禅师,会稽张氏子。上堂:"巢知风,穴知雨,甜者甜兮苦者苦。不须计较作思量,五五从来二十五。"(宋·普济《五灯会元》)

【虫蚁知雨,乌鹊知风】

昆虫蚂蚁能预知下雨,乌鸦喜鹊能预知起风。指动物有预报天气的功能。{例}你看此瓦为何

而碎?〔贴望介〕一个金弹儿抛打乌鸦,因而碎瓦。〔旦双介〕自古道虫蚁知雨,乌鹊知风,凶吉通灵。(明·汤显祖《邯郸梦》)

【春日将至,百草从时】

从时:顺从时令。春天快到的时候,各种草木都会顺从时令,发芽生长。{例}太宰嚭曰:"臣闻春日将至,百草从时。君王动大事,群臣竭力以佐谋。"(汉·袁康《越绝书》)

【蟋蟀鸣,懒妇惊】

蟋蟀:也叫促织,黑褐色的昆虫,触角很长,善于跳跃;雄的叫声响亮,好斗。指蟋蟀叫意味着气候渐凉,再懒的婆娘也会因为没有做好冬衣而惊慌。{例}古谚语说:"蟋蟀鸣,懒妇惊。"原来古代农村家庭多过着男耕女织的生活,妇女一人一年要织多少布,皆有定数。可是等听到蟋蟀叫时,人们知道秋天已经来临,转眼即是寒冬,"懒妇"若是还没织好冬衣的布料,她就再也不能懒散了,要加紧纺织了。(蓝翔等《华夏民俗博览·金秋鸣斗话蟋蟀》)

提示 此谚在宋·郑樵《通志略·昆虫草木略二》中作"促织鸣,懒妇惊",在明·徐应秋《玉芝堂谈荟》中作"蟋蟀鸣,懒妇惊"。

【二月小蒜,香死老汉】

小蒜:一种野生蒜,根和茎都比大蒜小。指早春二月的小蒜鲜嫩好吃。{例}阳春三月,散学归来,三五成群的儿童挎着小篮,拿上小锹就到坡根头挖小蒜了。回来切了随手一炒,或下馒头或调面条,其香绕梁。故乡有句话叫"二月小蒜,香死老汉",像我们出门在外的一年若能吃上回小蒜就能化开那浓浓的乡愁。(高明海《回乡散记》)

提示 此谚也说"二月半,挑小蒜"。

【龟背潮,下雨兆】

指乌龟的甲壳发潮,是下雨的征兆。{例}龟背潮,下雨兆。乌龟是冷血动物,龟甲容易散热,温度比气温低,而且甲壳质硬,密度大,不易吸收水分。当天将下雨时,空气中含有大量的水蒸气,遇到温度较低的龟壳时,就凝结成小水珠,龟壳就潮湿了。(常诗《动物能预报天气》)

【海棠艳,快种棉】

海棠:一种落叶小乔木,叶子呈卵形或椭圆形,花呈白色或淡粉红色。指海棠花盛开的时候，华北地区要赶快种植棉花。{例}到了四月中旬，华北平原日平均气温稳定在15℃左右，在农业科学上叫喜暖作物指标。这时，海棠花盛开，农谚说："海棠艳，快种棉。"（邢树木《清明漫话》）

【寒伏温浮，日伏夜浮，清伏混浮】

指鱼群在寒冷时潜伏，温暖时上浮；光亮时潜伏，昏暗时上浮；清澈时潜伏，混浊时上浮。{例}又如渔谚："寒伏温浮，日伏夜浮，清伏混浮。"是说水温降低，鱼群下沉，水温上升，鱼群上浮；中午日光强，鱼群下沉，黎明或傍晚日光减弱，鱼群上浮；水色清晰，鱼群下沉，水色混浊，鱼群上浮。这是鱼和水温、日光、水色的矛盾所产生的运动规律。（尚醖《为什么鱼群活动与气象变化有很大关系？》）

【久雨公鸡登高啼，老天定放晴；小青蛙，声音清，天气将转晴】

指久雨之后，如果公鸡站在高处鸣叫，或者青蛙的叫声清脆响亮，天气一定会转晴。{例}在观察长时间下雨而将近转晴方面，有"久雨公鸡登高啼，老天定放晴；小青蛙，声音清，天气将转晴"等说法。（张叶彪《潮汕气象农谚趣谈》）

提示　此谚也说"鸡儿上架早，明日天气好"。

【腊鼓动，农人奋】

腊鼓：腊日击鼓。农历十二月初八称腊日，也称腊八，古时有腊日击鼓的习俗。农人：务农的人。指腊鼓敲响的时候，农民就会振奋精神，为春季生产做好准备。{例}古谚云："腊鼓动，农人奋。"梁·宗懔《荆楚岁时记》云："'腊鼓鸣，春草生。'村人并击腰鼓，戴胡头，及作金刚力士以逐疫。"这两条资料都揭示了鼓声是象征驱傩和催春的口头文化。今人皆知击鼓能娱乐，然古人早已赋予了它农业文化的多样含义。（董晓萍《说话文化的节日内涵——话说春节》）

提示　据说击鼓闹冬耕的习俗早在汉朝就有。远古时候，腊日（十二月初八）这天，乡民们戴头面、击腰鼓，作金刚力士表演以驱疫。如今农民把冬天积肥还叫积"腊肥"，人们常用"腊鼓催春"一语互相激励。

【腊鼓鸣，春草生】

指腊鼓敲响的时候，春天的草木就开始萌生。{例}“腊月”正是准备来年大生产的月份。春，是要“腊鼓”来催的。“腊鼓鸣，春草生”，让我们唱着前人的好谚语来迎接春季的大生产吧！（廖沫沙《“腊鼓催春”小记》）

【癞蛤蟆出洞，下雨靠得稳】

癞蛤蟆：蟾蜍的通称。指癞蛤蟆爬出洞穴活动，下大雨的准确率很高。{例}大雨来临前（一般在来临前一天左右），空气较潮湿，正适宜于癞蛤蟆的皮肤进行呼吸，因此它就爬出了洞穴到处活动起来，这种现象，对预报大雨有一定的参考价值。（尚醞《为什么说“癞蛤蟆出洞，下雨靠得稳”？》）

【梨花白，种大豆】

指梨树开花时一片纯白色，正是播种大豆作物的节令。{例}在指导播种期方面，有许多反映物候学的谚语，如“梨花白，种大豆”“樟树落叶桃花红，白豆种子好出瓮”“青蛙叫，落谷子”等。（游修龄《论农谚》）

【李树开花麦饭香】

麦饭：用磨碎的麦粒煮成的饭。指李树开花的时候，麦类作物就收获了。{例}“李树开花麦饭香”（川沙），在李子树开花的时候正是收获麦类的时候。（王加华《节气、物候、农谚与老农：近代江南地区农事活动的运行机制》）

【柳条青，雨蒙蒙；柳条干，晴了天】

指清明时插在屋檐下的柳条泛青色，预示雨水多；柳条枯焦了，预示天气晴朗。{例}据说，插柳的风俗，也是为了纪念“教民稼穑”的农事祖师神农氏的。有的地方，人们把柳枝插在屋檐下，以预报天气，古谚有“柳条青，雨蒙蒙；柳条干，晴了天”的说法。（盖国梁《节趣·清明》）

【蚂蟥咬大腿淹水，蚂蟥咬脚背干旱】

蚂蟥：即水蛭，生活在池沼或水田中，前后端有吸盘，吸食人畜的血液。指蚂蟥咬到大腿预示水涝，蚂蟥咬到脚背预示干旱。{例}民间以农历五月二十六日占岁。有谚语说：“蚂蟥咬大腿淹水，蚂蟥咬脚背干旱。”此俗现在还流行。（李德复等《湖北民俗志》）

【蚂蚁搬家蛇过道，老牛大叫雨就到】

指蚂蚁活动频繁，蛇从道路上窜过，老牛大声吼叫，都是下大雨的征兆。{例}蚂蚁搬家蛇过道，老牛大叫雨就到。这些动物在降雨前由于气压低、湿度大、温度高时，感到不舒服而跑到外边，或大声吼叫。（陨城《农业与气象》）

提示 此谚也说“蚂蚁搬家，长虫过路，三天之内，大雨下透”。

【蚂蚁背粮往高走，老天定不好】

指蚂蚁把粮食往高处搬，预示很快会下雨。{例}“蚂蚁背粮往高走，老天定不好。”蚂蚁把粮食搬往高处，老天很快就会下雨，这几乎百发百中。从矛盾对立统一观点进行观察，蚂蚁如果往低处搬粮，证明天气干旱。（张叶彪《潮汕气象农谚趣谈》）

【蚂蚁筑防道，准有大雨到】

指一群蚂蚁组成像防水大坝一样的队形，一准会下大雨。{例}“蚂蚁筑防道，准有大雨到。”每次天气变坏时，空中水蒸气增加，使泥土返潮，蚂蚁窝里特别潮湿；同时气压变低，泥土里原来沉积着的肮脏气体逸出，所以蚂蚁在窝里就难以安居了。（张春莲等《关于物象的谚语》）

提示 此谚也说“蚂蚁垒窝，大雨成河”“蚂蚁筑坝，不阴就下”。

【鸟噪天晴】

指鸟儿不停地喧叫，预示天气会晴朗。{例}皮日休被鸟声惊醒，涌上心头的一个好念头是：“鸟噪天晴。”他从卧榻上展眼向窗外望去，东天边已经抹上了一层艳丽的朝霞。（杨书案《长安恨》）

【牛舔鼻子蛇过道，呼雷大雨要来到】

呼雷：即轰雷，声响猛烈的雷。指牛不安地舔鼻子，蛇从场地上窜过，是轰雷大雨到来的先兆。{例}突然，人们觉得眼前一花，有股小风，长虫就朝人群窜过来两丈之多。场子上的人潮水般地向后退。人群惊骇，没人敢发出一声响。有人轻轻说了句话：“牛舔鼻子蛇过道，呼雷大雨要来到。”（田岸《黄河滩》）

【蔷薇花开早种花】

指野蔷薇（qiángwēi）开花的时候，应该及早种植棉花。

{例}“蔷薇花(指野蔷薇)开早种花”“枣树发芽好种棉”“谷雨早，立夏迟，枣树发芽正当时”，就是以枣树发芽作为棉花播种的时间标准。(王加华《节气、物候、农谚与老农：近代江南地区农事活动的运行机制》)

【青蛙叫，落谷子】

指青蛙叫得欢，正是种谷子的时节。{例} 在指导播种期方面，有许多反映物候学的谚语，如“梨花白，种大豆”“樟树落叶桃花红，白豆种子好出瓮”“青蛙叫，落谷子”等。(游修龄《论农谚》)

【蜻蜓高，晒得焦；蜻蜓低，一坝泥】

指蜻蜓飞得高，预示天气晴朗；蜻蜓飞得低，预示会下大雨。{例}“蜻蜓高，晒得焦；蜻蜓低，一坝泥。”天气转阴雨时，气压降低，空气中湿度增加，水汽附着在蜻蜓的翅膀上，而使翅膀发潮，无力高飞，只能低飞，甚至掠地飞行，预示大雨将要来到。(常诗《动物能预报天气》)

提示 此谚也说“蜻蜓飞得高，定是好天气”。

【蚯蚓路上爬，雨水乱如麻】

指蚯蚓在路上乱爬，预示要下大雨。{例}“蚯蚓路上爬，雨水乱如麻。”蚯蚓常年生活在土壤里，当天气变化时，感觉很灵敏。在夏季，当快下雷雨时，由于气压急剧下降，土壤中含水量增加，使蚯蚓在洞里感到呼吸困难，以致纷纷出洞，在路上乱爬。(常诗《动物能预报天气》)

提示 此谚也说“蚯蚓夜间路上走，老天定不好”。

【三月八，吃椿芽】

指农历三月上旬，正是香椿鲜嫩的时候。{例}民谚云：“三月八，吃椿芽。”农历三月正是香椿应市之时，那嫣红的叶、油亮的梗、浓郁的香味很是惹人喜爱。用香椿制菜肴，质地脆嫩，食后无渣，香味浓郁，鲜嫩可口。(敏涛《春末请君食香椿》)

【三月初，二月半，野菜给金也不换】

指二月中旬到三月初，鲜嫩的野菜很有营养价值。{例}当地民谚云：“三月初，二月半，野菜给金也不换。”可见春季野菜真有金钱买不来的价值。在这一年一度的清明时节，农民们自田野

归来，哪个网兜里、提篮里，甚至衣襟撩上，没有一把地地菜或白花菜之类的野菜。（管喻《清明采野菜》）

【三月韭，长街走；六月韭，牛不瞅】

瞅：看。指韭菜在农历三月上市，到六月就老了，连牛都不愿意多看。{例}韭菜生长的季节性很强，过去常有"三月韭，长街走；六月韭，牛不瞅"的俗话，说的是韭菜在蔬菜市场上活跃，最多不过三个月，而农历三月以前是很少见到的。（高尚友《连伯韭菜》）

【三月三，风筝飞满天】

风筝：一种传统的娱乐健身玩具，在竹篾等做的骨架上糊上纸或绢，拉着系在上面的长线，趁着风势可以放上天空。指农历三月春暖花开，正是放风筝的大好时节。{例}民谚说："三月三，风筝飞满天。"那是春暖花开，春光明媚的春日，而现在仍算强弩之末的隆冬季节，只不过今年气候的反常令一切不寻常罢了。（白建军《放风筝》）

【三月三，荠菜当灵丹】

荠（jì）菜：草本植物，嫩茎叶可以吃，全草可入药。灵丹：古代道士炼的一种丹药，据说能使人消除百病，长生不老。指农历三月上旬的荠菜，可以当作灵丹一样服用。{例}荠菜不仅是美肴一碟，同时也是灵药一方。荠菜古称"护生草"，可见其药用价值之高。民谚云："三月三，荠菜当灵丹。"民间有不少地方以荠菜煮鸡蛋为孩子预防疾病。（鹤年堂《春来荠菜胜羔豚》）

提示 此谚也说"三月三，地菜当灵丹"。

【三月三，小根蒜钻天】

小根蒜：野生的一种蒜，根和茎都比大蒜小。指一到农历三月初三，小根蒜就钻出地面了。{例}"三月三，小根蒜钻天"，这是一句民间的谚语。严冬已过，春风又起，在这乍暖还寒的春天里，休眠一冬的小根蒜"闹"着争春。农历三月初三一到，小根蒜就开始冒尖儿。（王延东《三月的小根蒜》）

【三月茵陈四月蒿，五月六月砍柴烧】

茵（yīn）陈：蒿类的一种，全草有香气，嫩时可入药。指茵陈在农历三月鲜嫩，可入药或作蔬菜;四月称青蒿,亦可药用;长到五六月就老了,只能当柴烧。{例}四月,时品:青蒿为蔬菜,四月食之,三月则采入药为茵陈,七月小儿取作星灯。谚云:“三月茵陈四月蒿,五月六月砍柴烧。”(清·潘荣陛《帝京岁时纪胜》)

提示 此谚在南方说“正月茵陈二月蒿,三月砍了当柴烧”,如马惠玲等《杜仲次生代谢物合成积累与物候期的研究》:“我国北方人说‘三月茵陈四月蒿,五月砍了当柴烧’,而南方人说‘正月茵陈二月蒿,三月砍了当柴烧’。这一民间谚语说明了由于物候期的不同,同一种植物在南北两地次生代谢产物的积累高峰不一致,最佳采收期亦有所不同。”

【山神未变,海神先变】

指风雨未来之前,山上还没有征兆,海水就会出现异常情况。{例}例如有人观察,如果浓云盖住南澳岛,老天在几天内就会下雨。“要晴看山青,要落看山白”,还有“山神未变,海神先变”的说法,意思是天气要刮风或下雨,海里潮水的涨退出现异常的现象。(张叶彪《潮汕气象农谚趣谈》)

【水缸穿裙山戴帽,大雨马上就来到】

指水缸外边下半截有水珠凝结,就像穿了裙子;山顶有乌云遮盖,就像戴了帽子,都是马上要下雨的征兆。{例}马老说:“水缸穿裙山戴帽,大雨马上就来到”,说的就是下雨前的征候。现在城市里水缸不多见了,但“山戴帽”是个普遍规律。(宗鸿《谚林采英三十载》)

提示 此谚也说“水缸出汗蛤蟆叫,马上大雨要来到”。

【水满池塘草满皮】

皮:地皮。指池塘蓄满清水,大地长满绿草,是夏季特有的景象。{例}到了立夏“水满池塘草满皮”之季,魏老爷的地,简直是:“癞头疮的脑袋——没几根毛(儿)。”(严宽《魏老爷的传说》)

【四月八,苜蓿花,吃稚杏】

稚:小。杏:晋南方言读“哈”音。指农历四月初八,就可以吃到苜蓿花和小杏了。{例}四月初八日,晋南地区习惯用苜蓿花拌面做成“鼓蕾”尝鲜,孩子们要摘杏子吃,俗语有“四月八,苜蓿

花，吃稚杏”的说法。（温辛等《山西民俗·岁时节日》）

【小蚂蚁打架凶，定有大雨和大风；大蚂蚁打洞忙，准是风狂雨也狂】

指小蚂蚁打架、大蚂蚁打洞，都是刮大风下大雨的征兆。{例}“小蚂蚁打架凶，定有大雨和大风；大蚂蚁打洞忙，准是风狂雨也狂”中的大小蚂蚁，让城里的孩子到哪里寻找？……但愿不久的将来，古老的天气谚语能重新回到人们的生活中来。（向明《怀念天气谚语》）

【小麦出头好下秧】

指小麦出穗时，应该抓紧稻田插秧。{例}如以小麦生长发育的情况作为水稻播种的标准，“小麦出头好下秧”“不要问爹问娘，小麦出头好下秧”“不要问爹，不要问娘，小麦伸头好下秧”，就是说小麦出穗的时间是水稻播种的最佳时机。（王加华《节气、物候、农谚与老农：近代江南地区农事活动的运行机制》）

【杏花开，把地耕】

指杏花开放的时候，应该抓紧耕地。{例}在农事上，利用物候指导农业活动，如“杏花开，把地耕”“麦黄种麻，麻黄种麦”“桑葚正旺，种黍之时”，用物候指导农业生产，比节气、时令更为准确。（王俊等《论苗圃的起源及其发展历史》）

【盐罐发卤，大雨如注】

发卤（lǔ）：发潮。指罐里的盐发潮，是下大雨的征兆。{例}我想起来了，农谚书上说过：“盐罐发卤，大雨如注。”可见你的话没错。（戈明《求骗记》）

【雁过十八天下霜，雷响一百八十日下霜】

指大雁南下后十八天会下霜；春雷响过后一百八十天也会有霜冻。{例}雁过十八天下霜，雷响一百八十日下霜。盖言秋季雁下南去，十八日后必下霜；春季雷鸣过后六个月，亦必下霜。（《西丰县志》）

【燕子低飞，蜘蛛收网】

指燕子低飞捕虫，蜘蛛收起网来，都是下雨的征兆。{例}“燕子低飞，蜘蛛收网。”雨前由于湿度大，小虫飞不高，不易捕获，故蜘蛛将网收起，燕子为捕食小虫而低飞。（陨城《农业与气象》）

提示 此谚也说“燕子飞得低，定无好天气”。

【阳春三月梨花白】

阳春:温暖的春天。指农历三月春意融融,正是梨花盛开的季节。{例}"阳春三月梨花白",在梨花盛开、四处飘香的时节来到同川,正是感受浓浓的梨乡风情的大好时节。(李彬《梨乡风情》)

【杨柳儿青,放空钟;杨柳儿死,踢毽子】

空钟:也叫空竹,用竹木制成的玩具,用绳子抖动圆柱,就能迅速旋转,发出嗡嗡的声音。指春季杨柳树叶子泛青的时候,可以放空竹;冬季杨柳树叶子枯死的时候,可以踢毽子。{例}京师旧谚云:"杨柳儿青,放空钟;杨柳儿死,踢毽子。"……所说"空钟",就是"空竹"。所谓钟者,因为抖起来声音嗡嗡作响。(周简段《杂技表演抖空竹》)

提示 踢毽子是我国民间传统的体育活动。毽子制作简便,一般为圆形底座,以前多用铜钱插上几根鸡毛,用布条裹起来缝好。踢毽子可用脚背、脚侧或膝盖盘踢,基本动作为盘、磕、拐、蹦四种,还有远吊、高吊、前踢、后勾、旋转踢等花样。高手能用头、肩、背、胸、腹接毽,并使毽子绕身不落。比赛时有单人踢、双人踢、集体踢、传踢等方式。

【要想暖,椿头大似碗】

椿头:香椿树的枝头。指农历四月香椿树的枝头抽出嫩芽时,山区的气候才会暖和起来。{例}话说阳春三月,乍暖还寒,山区地带,冷多暖少,正如俗话所说:"要想暖,椿头大似碗。"必须等到四月,椿树抽出嫩芽青叶,方是阳春天气。(满永振《珍珠衫》)

【鱼知三日水,水知三日风】

指鱼能提前测知洪水,水能提前测知风暴。{例}江上有句俗话:"鱼知三日水,水知三日风。"意思是在风暴和洪水到来前的三天,鱼和水便分别早就得知了,有了预感,有了反应。(罗石贤《荒凉河谷》)

【雨中知了叫,预报晴天到】

知了(liǎo):蝉的别称。指夏天下雨的时候能听到蝉的叫声,很快就会转为晴天。{例}"雨中知了叫,预报晴天到。"据一般观察,夏天由雨转晴前两个小时左右,蝉就叫;而在晴天转阴雨时,蝉则不叫。这是因为下雨前,气压低，空气中含有大量水蒸气，使它的发音薄膜潮湿，振动受到影响，于是就发不出声音；相反，当天气转晴时，气压升高，空气干燥，薄膜振动得好，就发出清脆的叫声。(常诗《动物能预报天气》)

【枣芽发，种棉花】

指枣树发芽时，正是种棉花的节令。{例}“枣芽发，种棉花。”前几天陈明远看着枣树上那些油绿发明的枝条，还没有发芽，心里还有点安慰。(李準《清明雨》)

提示 此谚也说“枣树发芽好种棉”。

【樟树落叶桃花红，白豆种子好出瓮】

指樟树落叶、桃花盛开的时候，就可以播种白豆了。{例}在指导播种期方面，有许多反映物候学的谚语，如“梨花白，种大豆”“樟树落叶桃花红，白豆种子好出瓮”“青蛙叫，落谷子”等。(游修龄《论农谚》)

【猪衔草，寒潮到】

衔：用嘴咬着。寒潮：从北方寒冷地带向南方侵袭的冷空气。指猪咬着草往窝里垫，是寒潮即将到来的征兆。{例}“猪衔草，寒潮到”，“猪筑窝，下大雪”。这是因为猪的鼻、嘴部无毛，直接接触空气，对寒冷特别敏感，在寒潮到来之前它有先觉，急忙衔草做窝。天气稍冷便把嘴巴伸入草中，再冷些就会全身钻进草里御寒，母猪的反应更为敏感。所以，见到猪衔草，就是寒潮即将来临的预兆。(金叶《动物异常行为与天气变化》)

提示 例句中的“猪筑窝，下大雪”，是主条的近义谚语。寒潮过境时气温显著下降，时常带来雨、雪或大风，过境后往往发生霜冻。

【猪衔草，有雨到；雁南飞，寒潮急】

指猪咬着草往窝里垫，预示要下雨；大雁急急地往南飞，预示有寒潮。{例}父亲穿一件单衣，额上皱纹沟里还溢出亮晶晶的小汗珠。我见此对父亲说，歇会儿，莫搞病了。父亲说：“你没看到昨晚猪衔草，今早雁南飞吗？”我被父亲问住了。父亲接着说：“猪衔草，有雨到；雁南飞，寒潮急呀！”(山野《父亲听雨》)

条目音序索引

(条目按主条首字的汉语拼音顺序排列。括号内的为副条)

B

八月白露又秋分，收秋种麦闹纷纷／147
八月的梨枣，九月的楂，十月的板栗笑哈哈／74
八月立了秋，放牛晌一丢／147
白露点秋霜／111
白露前是雨，白露后是鬼（白露水，毒过鬼｜白露日个雨，来一路苦一路）／147
白露青黄不忌刀／148
白露秋分夜，一夜冷一夜／148
白露日，西北风，十个铃子九个空；白露日，东北风，十个铃子九个浓／148
白露身不露，寒露脚不露（白露身弗露）／148
白露早，寒露迟，秋分种麦正当时（白露早，寒露迟，秋分麦子正当时｜白露早，寒露迟，只有秋分正当时）／148
白露种高山，秋分种高原，寒露种平川／149
白露斫高粱，寒露打完场／149
百年古柏能成仙／74
百年田地转三家（百年土地转三家｜千年田，八百主｜千年田换八百主）／11
百业农为本，农兴百业兴（百业农为本，民以食为天｜百业农为本，万般土里生）／1
柏树肥，杉树凉，黄土坡上种青冈／74
宝塔云，雨淋淋／160
北斗东指，天下皆春／160
北风三日定有霜／160
北人水旱，得命于天／20
北闪三夜，无雨大怪（北辰三夜，无雨大怪）／160
兵马未动，粮草先行（军马未动，粮草先行｜三军作战，

粮草先行）/1
播前把种晒，播后出苗快/39
不冷不热，五谷不结/111
不怕敞棚，就怕窟窿/91
不怕狂风一片，只怕贼风一线（不怕片风，就怕贼风）/91
不怕苗儿小，就怕蝼蛄咬/58
不怕年灾，就怕连灾/58
不怕农家老板不困，就怕栏里无牛粪/29
不怕千日用，只怕一日劳/91
不怕天旱，只要地润/20
不怕下雨晚，就怕锄头赶/51
不怕枣树老，就怕管不好/74
不养猪和牛，田地像石头/91
不忧年俭，但忧廪空/58
不种百顷地，难打万石粮/11
布谷鸣，小蒜成/181

C

菜三菜三，三日露尖；水菜水菜，一冻便坏/39
蚕老一时，樱熟一晌/74
槽满饿死牛/92
草膘料力水精神/92
草到料到，不如水到/92
草是牛的命，无草命不长/92
杈头有火，锄头有水/51
茶树不怕采，只要肥料足/75
蝉虫叫得狂，大雨落得欢/181
巢知风，穴知雨/181
成家手，粪是宝；败家手，财是草（成家子，粪如宝；败家子，钱如草）/29
城镇遍植树花草，空气清新公害少/75
吃罢春分饭，一天长一线/129
吃草一撩，喝水一瓢，加料一勺/92
吃了冬至面，一天长一线（吃了冬至饭，一天长一线 | 吃了冬至的饭，一天多做一根线）/155
吃了夏至饭，一天短一线(吃了夏至面，一天短一线）/139
赤脚种田，穿鞋过年/39
虫蚁知雨，乌鹊知风/181
出九三日霜，大麦一把糠/111
初伏有雨，伏伏有雨/112
锄头响，庄稼长/51
处暑不露头，只中割喂牛（处暑不出头，割得喂了牛）/149
处暑割谷无老嫩/149
处暑禾田连夜变/150
处暑若还天不雨，纵然结实也难收/150
处暑雨不通，白露枉相逢/150
春茶留一丫，夏茶发一把/75
春打六九头，贫儿不须愁/129

春打五九尾，家家吃白米 / 130
春分犁不空 / 130
春分麦起身，一刻值千金 / 130
春分秋分，昼夜平分 / 130
春风入骨寒 / 112
春寒冻死牛，春冷透骨寒 / 92
春寒料峭，冻死年少 / 112
春雷惊百虫 / 131
春牛如战马，好坏在一冬 / 92
春秋大慷慨，绣女下床来 / 112
春日将至，百草从时 / 182
春时一刻值千金（春来一刻值千金） / 112
春天的雪，狗也追不上 / 161
春天多蓄一滴水，秋天多收一粒粮 / 20
春天孩儿脸，一日变三变（春天孩儿面，一日变三变 | 春天猴儿面，一日变三变） / 113
春雾雨，夏雾热，秋雾凉风冬雾雪（春雾花香夏雾热，秋雾凉风冬雾雪） / 161
春蓄水，夏保苗，秋增产，冬饱食 / 20
春雨不误路，雨停路也干 / 161
春雨贵如油 / 161
春栽树，夏管树，秋冬护理莫马虎 / 75
春种一粒粟，秋收万颗籽（春天一粒籽，秋收万颗粮） / 39
春浊不如冬清 / 20
从九往前算，一日长一线 / 113
存三去四不留七（留三去四） / 76
寸草铡三刀，无料也上膘（寸草铡三刀，越吃越上膘） / 93
寸高麦子耐尺水，尺高麦子怕寸水（寸麦不怕尺水，尺麦却怕寸水 | 寸麦不怕尺水，尺麦但怕寸水） / 58

D

打春不论地 / 131
打春后，莫喜欢，还有四十天冷天气（打了春，冻断筋 | 打春别欢喜，还有四十冷天气 | 打了春，瞎欢喜，还有四十天的冷天气 | 立春别欢喜，还有四十冷天气 | 乡下佬且休舞，立春还冷四十五） / 131
打一千，骂一万，正月十六吃顿面（打一千，骂一万，正月十六吃顿饭 | 打一千，骂一万，全仗五更黑间这顿饭） / 93
打鱼人盼望个好天气，庄稼人盼望个好收成 / 67
大兵之后，必有大疫；大疫之后，更有大荒 / 59

大豆耳聋，越锄越通 / 51
大粪南瓜鸡粪椒，羊粪长出好棉花 / 29
大海不嫌水多，庄稼不嫌肥多 / 29
大寒无过丑寅，大热无过未申（大暑无过未申，大寒无过丑寅） / 113
大寒小寒，到头一年 / 155
大寒须守火，无事不出门 / 156
大寒一场雪，来年好吃麦 / 156
大旱不过周时雨，大水无非百日晴 / 59
大麦不过芒种，小麦不过夏至（大麦芒种忙忙割，小麦夏至无一棵） / 139
大暑在七，大寒在一 / 140
大水无过一周时 / 59
大雪不封地，不过三二日 / 156
大猪要囚，小猪要游（肥猪要囚，小猪要游 | 肥猪要囚，小猪要牧） / 93
稻禾当年收，种子隔年留 / 40
稻秀雨浇，麦秀风摇 / 162
稻秀只怕风来摆，麦秀只怕雨来霖 / 162
稻子黄恹恹，主人欠它豆饼钱 / 30
地冻车轮响，蔓菁萝卜才在长 / 113
地肥禾似树，土薄草如毛 / 11
地和生百草，人和万事好 / 11
地靠粪养，人靠饭长（人靠饭饱，地靠肥料 | 人靠地来养，地靠粪来长 | 地靠粪养，苗靠粪长） / 30
地里不上粪，吃饭要断顿 / 30
地里多上粪，旱涝有撑劲 / 30
地里棉柴拔个净，来年少生虫和病 / 59
地没坏地，戏没坏戏（地没赖地，戏没赖戏） / 12
地是刮金板，人勤地不懒 / 12
地是捞饭盆 / 12
地是铁，粪是钢，粪堆就是粮食仓 / 30
第一莫贪头九暖，连绵雨雪到冬残 / 113
东北风，雨太公 / 162
东风两头大，西风腰里粗 / 162
东风阵雨西闪火 / 162
东虹日头西虹雨，南虹出来卖儿女（东虹晴，西虹雨，南虹涨大水，北虹出斫头鬼 | 东虹萝卜西虹菜，南虹出来就是害） / 162
东家种竹，西家治地（西家种竹，东家治地） / 76

东明西暗，等不得撑伞 / 163
东南风，燥松松 / 163
东南风生雾，西北风消雾 / 163
东闪晴，西闪雨，南闪雾露北闪水 / 163
东闪日头西闪雨，南闪乌云北闪风（东闪太阳红彤彤，西闪雨重重） / 164
东闪西闪，不如南海肚一闪 / 164
冬不寒，腊后看 / 114
冬东风，雨太公 / 164
冬冷皮，春冷骨 / 93
冬里无雪，春里无雨 / 164
冬南夏北，有风便雨（冬南夏北，转眼雨落） / 164
冬牛不患病，饮水不能停 / 93
冬前弗结冰，冬后冻杀人（冬前弗见冰，冬后冻杀人 | 冬前不结冰，冬后冻杀人） / 156
冬天比粪堆，来年比粮堆（今冬比粪堆，来年比麦堆 | 今年多提粪筐，明年吃粮不慌 | 今年粪满缸，明年谷满仓 | 今年一车粪，明年一车粮 | 今年长粪堆，来年长粮堆 | 今年积下万担粪，明年粮食撑破囤） / 30
冬天身子懒一懒，来年庄稼准减产 / 114
冬天修水利，正是好时机 / 21
冬无雪，虫子多 / 59
冬无雪，麦不结 / 59
冬雪下三天，来年麦增产 / 164
冬一日，年一日，好牛好马歇一日（冬一日，年一日，好骡好马歇一日 | 年一日，冬一日，老骡老马歇一日） / 94
冬栽松，夏栽柏，背风地里点洋槐 / 76
冬在头，卖被去买牛；冬至后，卖牛去买被 / 156
冬至过，地皮破 / 157
冬至前后，鸿水不走（冬至前后，洒水莫走） / 157
冬至未来莫道寒（冬至不过天不冷） / 157
冬至无霜，碓杵无糠 / 157
冬至一阳生 / 157
豆三麦六，菜籽一宿 / 40
豆收长秸，麦打短秆 / 67
读书人怕赶考，庄户人怕薅草 / 51
读书种田，早起迟眠 / 12
堆金不如积谷 / 1
朵朵瓦片疙瘩云，高温无雨晒死人 / 165

E

二八月，看巧云 / 165

二八月，乱穿衣（三九月，乱穿衣）／114
二麦不怕神共鬼，只怕四月八夜雨（二麦不怕神共鬼，只怕四月八日雨｜小麦不怕神共鬼，只怕七日八夜雨）／60
二月二，龙抬头／131
二月二，龙抬头，大家小户使耕牛／132
二月二，龙抬头；大仓满，小仓流／132
二月清明一片青，三月清明不见青／132
二月小蒜，香死老汉（二月半，挑小蒜）／182
二月休把棉衣撤，三月还有梨花雪（二月休把棉衣撇，三月还有梨花雪｜二月别把棉衣折，三月还下桃花雪）／114
二月羊，撂过墙／94
二月种姜，八月偷“娘”（谷雨种姜，夏至扒“娘”｜立夏栽姜，夏至取“娘”｜夏至取娘姜，立冬收老姜｜夏至取娘姜，“娘”离子不伤）／40

F

发展果木茶，包你户户发／76
返青肥水很重要，大田少了是胡闹／31
放账不如种裸麦，借账不如多种谷／40
肥多好种田，肥多是丰年／31
肥料堆如山，不愁吃和穿／31
肥田不如瘦水（肥田不敌瘦水｜肥田不抵瘦水｜肥田不如壮水｜肥田不如久泡｜肥田不如浅灌水）／21
肥籽粮多，瘦籽糠多／40
粪比金子强，能生棉油粮／31
粪大怕天旱／31
粪大水勤，不用问人／31
粪堆大，粮堆高／31
粪田胜如买田／32
粪长一丛，水长一田／21
丰年要当歉年过，有粮常想无粮时／60
丰年珠玉，俭年谷粟／1
风后暖，雪后寒／165
风沙一响，地价落三落，粮价涨三涨／60
风是雨的头，风狂雨即收（风是溜头，雨在后头｜风是雨头，屁是屎头）／165
风灾一大线，水灾一大片／60
伏不掩籽／115
伏天锄破皮，抵住秋后耕一犁／115

伏雨淋淋农民喜，小暑防洪别忘记 / 140
斧头自有一倍叶 / 76

G

该热不热，五谷不结；该冷不冷，人生灾病 / 115
干锄谷子湿锄花，不干不湿锄芝麻 / 52
干星照湿土，来日依旧雨 / 165
干也种来湿也种，雷雨像刀也要种 / 41
高山出名茶，名茶在中华 / 76
隔重山，多一担；隔条河，多一箩 / 41
隔年要犁田，冬牛要喂盐 / 94
耕地没有牛，不如花子头 / 94
耕而不劳，不如作暴 / 52
耕牛是黄金，家里一口人 / 94
耕牛为主遭鞭打（耕牛为主遭鞭杖 | 耕牛为主遭鞭罪） / 95
工不枉使，地不亏人（工不妄苦，地不瞒人） / 12
谷锄七遍饿死狗，瓜锄九遍不住手（谷锄八遍不见糠，棉锄八遍白如霜 | 谷锄八遍吃干饭，豆锄三遍角成串 | 谷锄八遍出净米，麦锄八遍八一面） / 52
谷打苞，水满腰 / 21
谷贱伤农，谷贵饿农（谷甚贱则伤农） / 2
谷浇老，麦浇小（麦浇苗，谷浇穗 | 谷浇根，麦浇叶） / 21
谷三千，麦六十 / 67
谷要稀，麦要稠，玉米地里要卧下牛（谷子地里卧只鸡，不嫌谷子稀；高粱地里卧头牛，还嫌高粱稠 | 玉茭地里卧下牛，还嫌玉茭稠；谷子地里卧小鸡，不嫌谷子稀） / 41
谷要自种，儿要自养（儿要自养，谷要自种 | 儿要亲生，谷要自种 | 要儿自养，要谷自种） / 41
谷雨立夏，不可站着说话 / 132
谷雨前后，种瓜点豆 / 132
谷雨前五天不早，谷雨后五天不晚 / 133
谷雨三朝看牡丹 / 133
谷雨下种小满栽 / 133
谷雨种大田 / 133
官出于民，民出于土 / 2
龟背潮，下雨兆 / 182
贵买田地，子孙受用 / 12
国以农为本，民以食为天（民为邦本，食为民天 | 王者以民为天，民以食为天 | 国以民为本，民以谷为命 | 国以人

为本，人以衣食为本 | 国以民为本，民以食为命 | 国以民为本，民以食为天 | 国以民为本，民以食为本）／2
过了七月半，人似铁罗汉（过得七月半，便是铁罗汉 | 过了七月半，人人都是铁罗汉 | 过了八月半，人似铁罗汉）／115
过了白露节，夜寒日里热／150
过了大雪，迟了大麦／157
过了冬，长一针；过了年，长一线／158
过了荒年有熟年（熬过灾年有丰年 | 守过荒年有熟年）／60
过了惊蛰节，春耕不停歇／133
过了立秋，栽了无收／150
过了七月半，一日短一线／115

H

孩子活不活要养，庄禾收不收要种／42
海棠艳，快种棉／182
寒伏温浮，日伏夜浮，清伏混浮／183
寒露，寒露，遍地冷露／150
寒露不低头，只有喂老牛／151
寒露的油菜，霜降的麦／151
寒露花开不结子／151
寒露没青稻，霜降一齐倒（寒露无青稻，霜降一齐来 | 寒露泛青稻，霜降一齐倒）／151
旱来锄头会生水／52
旱一片，涝一线／61
好谷不见穗，好麦不见叶（好糜不露叶，好谷不露穗）／67
好汉全凭志气强，好苗全凭肥土壮／32
好种育好苗，秧好一半禾（种好禾苗壮，禾好一半粮 | 好秧一半收）／42
河边栽柳，河堤长久／77
河漂一道川，雹打一条线／61
河射角，堪夜作（河斜角，做夜作）／165
荷锄候雨，不如决渚／21
换茬如上粪／42
荒年不怕怕来年／61
荒山不植树，水土保不住（山上没有树，水土保不住）／77
黄疸收一半，黑疸连根烂／61
黄河百害，只富一套（黄河九曲，唯富一套 | 黄河百害，唯富河套 | 黄河百害，独富一套 | 黄河九曲十八弯，富的是宁夏中卫川 | 天下黄河，唯富一套）／22
黄金落地，老少弯腰／68
黄梅天里见星光，不久来日雨

更旺 / 166
黄土枣树水边柳，一百能活九十九 / 77
黄云翻，冰雹天 / 61
会插不会插，看你两只脚 / 42
会施施一丘，不会施施千丘，施千丘不如施一丘 / 32

J

鸡鸡二十一，鸭鸭二十八 / 95
鸡犬认得家 / 95
积水如积金，囤水如囤粮（积水如积金，蓄水如囤粮） / 22
急雨易晴，慢雨不开（快雨快晴） / 166
疾雷易晴，闷雷难开 / 166
家里养了兔，不愁油盐醋 / 95
家牛要过冬，草料第一宗 / 95
家土换野土，一亩顶两亩（家土换野土，一亩抵三亩） / 13
家要富，靠余粮；国要富，靠积粮 / 3
家有陈柴必富，家有陈粪必穷 / 32
家有寸槐，不可做柴 / 77
家有千株柳，何须满山走 / 77
驾船不离码头，种田不离田头（读书不离案头，种田不离田头 | 种田弗离田头，读书弗离案头） / 13
犍牛不出槽，活宝变死宝 / 95
节令不骗人 / 116
节气不等人（节气不饶人 | 节令不饶人 | 节令不等人 | 时令不等人 | 时令不饶人） / 116
今冬麦盖三层被，来年枕着馒头睡（今年雪盖二尺被，明年枕着馒头睡 | 冬天麦盖三层被，来年枕着馒头睡 | 麦盖三层被，头枕馒头睡） / 166
金铃铃，银铃铃，不如一串水铃铃 / 22
金汤之固，非粟不守；韩白之勇，非粮不战 / 3
紧持庄稼，消停买卖（紧趁庄稼，消停买卖 | 紧张庄稼，消停买卖 | 紧细的庄稼，耍耍的买卖 | 消闲买卖，紧张庄稼） / 116
紧收夏季慢收秋 / 68
紧水冲沙，慢水冲淤 / 22
紧摇耧，慢摇耧，转弯抹角快三耧 / 42
近家无瘦田，遥田不富人（近家无瘦地，遥田不富人） / 13
惊蛰不耕地，好比蒸笼走了气 / 134
惊蛰春分，棒头栽起都生根 / 134

惊蛰过，百虫苏／134
惊蛰慢一慢，慢掉一年饭／134
精打细收，颗粒不丢／68
九成熟，十成收；十成熟，一成丢／68
九尽寒尽，伏尽热尽（九尽寒，伏尽热）／116
九尽杨花开，农活一起来／117
九月重阳，放开牛羊／96
九月田洞金黄黄，十月田洞白茫茫／117
久旱必雨，久雨必旱／61
久晴大雾雨，久阴大雾晴／167
久雨公鸡登高啼，老天定放晴；小青蛙，声音清，天气将转晴（鸡儿上架早，明日天气好）／183
救苞不救草／62
救旱如救火／62
救荒如救火／62
救灾如救火／62
圈干槽净，牛儿没病／96

K

砍树容易栽树难／77
看马不看口，全凭几步走／96
科技是个宝，种田离不了／43
孔子孟子，当不了谷子（孔子孟子，当不得我们挑谷子）／3

L

腊鼓动，农人奋／183
腊鼓鸣，春草生／184
腊七腊八，冻死寒鸭（腊七腊八，冻煞麻雀｜腊七腊八，冻死王八）／117
腊雪是被，春雪是鬼（腊雪是个被，春雪是个鬼）／167
腊月冻，来年丰／117
腊月老婆六月汉／117
腊月有三白，猪狗也吃麦（若要麦，见三白｜一月见三白，田翁笑吓吓｜正月见三白，田公笑吓吓）／167
腊月栽桑桑不知／78
癞蛤蟆出洞，下雨靠得稳／184
栏干潲饱，猪儿不吵；着肉长膘，省得烦恼／96
老大娘三件宝，闺女、外甥、鸡／96
老鲤斑云障，晒杀老和尚（天上起了鲤鱼斑，明日晒谷不用翻）／167
老牛力尽刀头死／97
雷打冬，十间牛栏九间空／97
雷公先唱歌，有雨也不多／168
雷轰天顶，有雨不猛；雷轰天边，大水连天／168

羸牛劣马寒食下 / 97
冷暖有季，节令无情 / 117
冷是私房冷，热是大家热 / 118
冷在三九，热在三伏（冷在三九，热在中伏 | 热在三伏，冷在三九） / 118
梨花白，种大豆 / 184
犁得深，耙得烂，一碗泥巴一碗饭 / 52
犁星没，水生骨 / 168
李树开花麦饭香 / 184
立春大如年 / 134
立春落雨透清明 / 134
立春三日，百草发芽 / 134
立春阳气转，雨水沿河边（打春阳气转，雨水沿河边） / 135
立春一日，水暖三分 / 135
立春雨水到，早起晚睡觉 / 135
立冬不起菜，必定要受害（立冬不砍菜，必定大雪盖） / 158
立冬封地，小雪封河 / 158
立秋不出头，割下喂老牛 / 151
立秋不带耙，误了来年夏 / 151
立秋三场雨，麻布扇子高搁起（立了秋，把扇丢） / 152
立秋十八日，河里没有洗澡的 / 152
立秋十八天，寸草都结籽 / 152
立秋十日懒过河 / 152
立秋十天动镰刀 / 152
立夏不下，田家莫耙 / 140
立夏不下，无水洗耙 / 140
立夏见“三新”（立夏尝“三鲜” | 立夏荐“三鲜”） / 141
立夏三天扯菜籽 / 141
立夏三朝遍地锄（立夏三天遍地锄） / 141
立夏下雨，谷米如泥；立夏不下，犁耙高挂 / 141
良田畏七月 / 62
粮食是宝中宝 / 3
粮在肥中藏，有肥就出粮（粮在粪中藏，有粪就有粮） / 32
两沟会合点，打井最保险 / 22
两头慢，中间稳 / 97
亮一亮，下一丈 / 168
林带用地一条线，农田受益一大片 / 78
柳条青，雨蒙蒙；柳条干，晴了天 / 184
六月不热，五谷不结 / 118
六月盖夹被，田里不生米（六月被，田无米 | 六月盖被，田中无米） / 118
六月火热莫歇阴，锄头底下出黄金 / 52
六月里，六月六，新麦子馍馍熬羊肉（六月六，新麦子馍

馍熬猪肉｜六月六，新麦子馍馍转鸡肉）／68
六月六，打棉头／53
六月六，晒得鸡蛋熟（六月六，晒得鸭蛋熟）／118
六月秋，便罢休；七月秋，热到头／152
六月雨，是黄金（六月值连阴，遍地是黄金｜六月打连阴，点点是黄金）／168
鲁桑百，丰锦帛／78
露水起晴天，霜重见晴天／169
驴叫半夜，鸡叫天明／97
绿树成荫，空气清新／78

M

麻耘地，豆耘花／53
马笑唇，狗笑尾／97
马要好，吃夜草（马无夜草不肥，人不得外财不富｜人无横财不富，马无夜料不肥｜人不发外财不富，马不吃夜草不肥）／98
马有三分龙性／98
马走一路，牛走一群／98
蚂蟥咬大腿淹水，蚂蟥咬脚背干旱／184
蚂蚁搬家蛇过道，老牛大叫雨就到（蚂蚁搬家，长虫过路，三天之内，大雨下透）／185
蚂蚁背粮往高走，老天定不好／185
蚂蚁筑防道，准有大雨到（蚂蚁垒窝，大雨成河｜蚂蚁筑坝，不阴就下）／185
买金不如买豆／4
买牛要买趴地虎（买牛要买抓地虎）／98
买猪仔，看娘种；买狗仔，看爷种（狗看爷种，猪看娘种）／98
麦吃腊月土，一亩两石五／53
麦倒一把草／62
麦过人，不入口（麦过口，不入口）／69
麦黄一晌，蚕老一时（麦熟一晌，蚕老一时｜蚕老一时，麦熟一晌）／69
麦黄种豆，豆黄种麦（麦不离豆，豆不离麦）／43
麦怕坷垃棉怕草／53
麦怕四月风，风后一场空／63
麦怕胎里旱／63
麦收八、十、三场雨（麦收三月雨）／169
麦收三件宝，穗多穗大籽粒饱／69
麦收有五忙，割挑打晒藏／69
麦田舞龙灯，小麦同样生／53

麦无二旺，冬旺春不旺 / 53
麦喜胎里富，底肥是基础 / 32
麦芽儿发，耩棉花 / 43
麦要好，茬要倒 / 43
麦在种，秋在管，棉花加工不停点 / 43
麦种泥窝窝，来年吃馍馍 / 44
麦子屁股痒，越压越肯长 / 54
麦子胎里富，种子六成收 / 44
卖牲不卖缰（卖马不卖缰绳 | 卖猪不卖绳） / 99
满膘满吃，半膘半吃，没膘不吃 / 99
满天星，明天晴 / 169
满天星斗光乱摇，或风或雨欲连朝（星星眨眼，离雨不远） / 169
芒种打火夜插秧 / 142
芒种忙，麦上场 / 142
芒种忙种，样样要种（芒种忙种 | 芒种忙种忙忙种） / 142
芒种芒种，点头插秧 / 142
芒种三天见麦秋 / 142
芒种天，麦穗沉甸甸 / 142
芒种夏至麦上场，家家户户一齐忙 / 143
芒种之天看麦茬（芒种三日见麦茬 | 芒种之日见麦茬） / 143
没有大粪臭，哪来五谷香 / 33
每逢白露花儿蔫 / 119
棉花锄七遍，果节短，桃成串，丰产优质最保险 / 54
棉花入了伏，三日两天锄 / 119
棉花云，雷雨鸣（棉絮云，雷雨临） / 169
苗薅一寸，赛如施粪 / 54
庙寺易建，古木难求（庙宇易建，古木难求 | 寺庙易建，古树难求） / 78
民以食为天，牛以草为本 / 99
明不过八月，黑不过腊月 / 119
明冬暗年黑腊八 / 158
明星照烂泥，日夜落不及(明星照烂地，来朝依旧雨) / 170
莫看粪堆脏，粮食吃着香 / 33
母牛不挤奶，变成活奶奶 / 99
母牛生母牛，三年七头牛(乳牛下乳牛，三年五头牛) / 99
母羊下母羊，三年五只羊 / 100
母壮儿肥，种好苗壮 / 44

N

奶好娃娃胖，水好秧苗壮(娃要奶饱，苗要水足 | 奶足娃娃胖，水足禾苗壮 | 按时喂奶娃娃胖，合理用水禾苗壮) / 23
南风尾，北风头 / 170
年年防歉，夜夜防贼（年年防

旱，夜夜防贼｜夜夜防贼，岁岁防饥）／63
娘无奶，娃面黄；田无肥，少打粮／33
鸟噪天晴／185
宁叫饿死老娘，不要吃了种粮（宁可饿死人，也把种子存）／44
牛吃百样草，样样都上膘／100
牛吃食盐，胜似过年（牛吃咸盐，胜似过年）／100
牛犊落地银三两／100
牛粪冷，马粪热／33
牛惊猛如虎／100
牛跑一趟，一天白放／100
牛食如浇，羊食如烧（牛吃粪浇，羊吃火烧｜羊吃如烧，牛吃如浇｜羊吃麦苗将根烂，牛吃麦苗一大片）／100
牛舔鼻子蛇过道，呼雷大雨要来到／185
牛有千架力，就怕一时急／101
牛子三载不杀，自会耕地／101
农民不种地，饿死帝王家／4
农民富不富，要看村干部／4
农业要发展，水利是命脉／23
女人抓屎带大儿，男人抓屎种好禾／33

Q

七九河开，八九雁来（七九河开，八九燕来，九九八十一，家里送饭外头吃）／119
七犁金，八犁银，九月犁地饿死人（七金、八银，九铜、十铁｜七月犁金，八月犁银｜七月犁田赛如金，八月犁田赛如银｜七挖金，八挖银，九冬十月挖钢铁）／54
七月蒿是金，八月蒿是银（七月蒿，赛金糕｜七月草，农家宝，嫩又鲜，沤肥好｜七月沤肥草是金，八月沤肥草是银，九月草渐老，十月草不好｜七月草是金，八月草是银，九月草是患，十月沤不烂）／33
七月核桃八月梨，九月柿子乱赶集（七月核桃八月梨，九月柿子红了皮｜七月的枣，八月的梨，九月的柿子红了皮｜七月里枣，八月里梨，九月的柿子红了皮｜七月枣，八月梨，九月柿子上满集｜七月核桃八月梨，九月柿子赶大集）／79
七月七，吃谷米／69

七月十五定旱涝，八月十五定收成（七月十五定旱涝，八月十五看收成）/70
七月十五红圈，八月十五落杆（七月十五半红枣，八月十五大红袍）/79
齐白露，一半籽 / 152
骑秋一场雨，遍地出黄金（立秋得微雨，银子捡得起 | 立秋雨淋淋，遍地生黄金）/153
千茶万桑，万事兴旺 / 79
千车万车，不如处暑一车 / 153
千行百行，种庄稼才是正行（千行万行，庄稼是头一行 | 七十二行，庄稼为王 | 七十二行，庄稼为强 | 三十六行，庄稼为强 | 三十六行，种田下地第一行）/4
千浇万浇，不及腊粪一浇 / 34
千金难买相连地（有钱难买连头地）/13
千生意，万买卖，不如翻地块 / 4
千桐万柏一片楠，子孙世代享不完 / 79
前人栽树，后人乘凉（前人栽树，后人歇凉 | 前人种树，后人乘凉 | 前人栽树，后人吃果 | 前人栽树，后人歇阴 | 前人栽树，后人遮阴 | 前人种树后人凉 | 前人种树后人收）/80
前腿放笆斗，后腿插只手（前裆放下斗，后裆放下手 | 前膛宽，屁股圆，一定能用几十年 | 前腿小开门，后腿大开门；蹄大圆硬又要深，四个蹄缝夹住针）/101
前榆后槐，必定发财 / 80
歉年发财主，旱年发槐树 / 80
歉年种荞麦，七十五天见成色 / 70
蔷薇花开早种花 / 185
巧种庄稼不如拙上粪（勤耪不如懒施肥 | 勤做不如懒上粪 | 巧做不如拙上粪 | 巧做不胜拙下粪 | 巧种田不如傻上粪）/34
禽有禽言，兽有兽语（兽有兽语，禽有禽言 | 人有人言，兽有兽语）/101
青蛙叫，落谷子 / 186
清明到，吓一跳 / 135
清明断雪，谷雨断霜 / 135
清明见节，立夏可吃 / 135
清明柳叶绿，赶紧种玉米 / 136
清明落百籽 / 136
清明前后，种瓜点豆（清明前后，种瓜种豆）/136
清明前后一场雨，强如秀才中

了举／136
清明时节雨纷纷／136
清明蜀黍谷雨豆，顶茬豆子二指土／137
蜻蜓高，晒得焦；蜻蜓低，一坝泥（蜻蜓飞得高，定是好天气）／186
晴干无大汛，雨落无小汛／63
顷不比亩善／13
秋分糜子不得熟，寒露谷子等不得（秋分糜子寒露谷，熟不熟，就要割｜秋分糜子寒露谷）／153
秋分种麦，前十天不早，后十天不晚（寒露种麦，前十天不早，后十天不迟）／153
秋风凉，庄稼黄／119
秋风起，秋风凉，一场白露一场霜／120
秋耕深一寸，顶上一茬粪／54
秋寒如虎／120
秋后一伏，热死老牛／120
秋麦猫猫腰，强似冬天折了腰／120
秋忙麦忙，绣女下床（麦忙秋忙，绣女下床｜麦子黄黄，绣女下床｜麦穗发了黄，绣女也出房｜秋忙麦黄，绣女下床｜秋忙秋忙，绣女也要出闺房｜三秋大忙，绣女下床）／70
秋十天，麦三晌／70
秋收不耕地，来年不能定主意／54
秋霜夜雨肥如粪／170
秋水老子冬水娘，浇好春水好打粮（秋水老子冬水娘，春水适宜多打粮｜秋水老子冬水娘，浇不上春水不打粮）／23
秋天划破皮，胜似春天犁十犁（秋天划破一层皮，强过春天翻一犁｜冬天划破皮，强似春天犁十犁）／55
秋阳如老虎（秋老虎咬人）120
蚯蚓路上爬，雨水乱如麻（蚯蚓夜间路上走，老天定不好）／186
娶亲看娘，栽禾看秧；多收稻粮，必要种良／44
犬有湿草之义，马有垂缰之恩（马有垂缰之意，羊有衔草之恩｜马有垂缰之力，狗有守户之功｜马有垂缰之意，犬有湿草之恩）／102

R

人不吃油盐无力，地不上肥料无劲／34
人不哄地皮，地不哄肚皮（人

不欺地皮，地不欺肚皮 | 人哄地皮，地哄肚皮） / 13
人不亏庄稼，庄稼不亏人 / 14
人给地上足肥，地让人笑破嘴 / 34
人过小满说大话 / 143
人黄有病，苗黄缺肥 / 34
人老凭饭力，马老凭草力 / 102
人老一时，麦老一晌（人老一年，稻老一天） / 70
人怕屙血，地怕种麦（人怕屙血，地怕点麦） / 44
人怕老来穷，谷怕午时风(稻怕午时风，人怕老来穷） / 63
人勤不如地近 / 14
人勤春来早 / 14
人勤地不懒 / 14
人勤地生宝，人懒地生草(勤劳人，地长宝；懒惰人，地长草） / 14
人勤地有恩，黄土变成金 / 14
人勤满园香，人懒田地荒 / 15
人穷发愤，地穷上粪 / 34
人生天地间，庄农最为先 / 4
人无力，桂圆荔枝；地无力，河泥草子 / 35
人无饮食，精力难足；马无草料，寸步难移 / 102
人误地一时，地误人一年(人误地一日，地误人一年 | 人误地一晌，地误人一年 | 人误田一天，田误人一年 | 人误庄稼一时，庄稼误人一年 | 农误一时，人误一生 | 误了一时便误了一季，误了一季又误了一年） / 120
人要补，吃猪蹄；田要肥，施猪泥 / 102
人要米谷养，庄稼靠肥长 / 35
人要文化，山要绿化 / 80
人有困乏，牛有饥渴 / 103
人有人语，马有马情 / 103
人治水，水利人，人不治水水害人 / 23
任叫人忙，不叫田荒 / 15
日落三条箭，隔天雨就现 / 170
日落十里赶县城 / 170
日落云里走，雨在半夜后(日落乌云帐，半夜听雨响） /170
日没胭脂红，无雨也有风(日没胭脂红，无雨必有风 | 日入胭脂红，无雨也有风） /171
日暖夜寒，东海也干 / 64
日头不饶人 / 121
日头钻嘴，冻死小鬼 / 171
日晕三更雨，月晕午时风(日晕半夜雨，月晕午时风） /171
日晕主雨，月晕主风（月晕主风，日晕主雨） /171

日中锄一锄，一身汗，十两油／55
瑞雪兆丰年／171
若要地增产，山上撑绿伞／80
若要富，土里做；若要饶，土里刨（欲要富，土里做；欲要牢，土里刨）／5

S

三春没有一秋忙，收到囤里才是粮（三春不如一秋忙｜三春不赶一秋忙）／70
三分喂牛，七分用牛／103
三分栽树，七分管护（三分栽，七分管｜三分造，七分管，只栽不管收担柴）／81
三分种，七分管／55
三伏不热，五谷不结（三伏之中无酷热，五谷田禾多不结｜三九要冷，三伏要热；不冷不热，五谷不结）／121
三耕六耙九锄田，一季收成抵一年／55
三九四九，冻死牤牛（三九四九冻死狗｜三九四九，冻破石头）／121
三亩穷，五亩富，十亩之田不用做／15
三年护林人养树，五年成林树养人／81
三年可以学成个好买卖人，十年也学不成个好庄稼汉（三年熬出个好买卖人，一辈子难练出个庄稼汉）／5
三年易考文武举，十年难考田秀才／5
三秋不如一麦忙／71
三三念九，不如二五得十／71
三十岁栽杉，六十岁睡元花／81
三岁牛犊十八汉／103
三湾当一闸（三浅当一闸）／24
三月八，吃椿芽／186
三月冰，岁不成／64
三月初，二月半，野菜给金也不换／186
三月韭，长街走；六月韭，牛不瞅／187
三月三，风筝飞满天／187
三月三，荠菜当灵丹（三月三，地菜当灵丹）／187
三月三，小根蒜钻天／187
三月茵陈四月蒿，五月六月砍柴烧（正月茵陈二月蒿，三月砍了当柴烧）／187
桑发黍，黍发桑／81
山区要想快变富，发展林果是条路／81
山上多栽树，等于修水库；雨

时能蓄水，旱时它能吐（山上多栽树，等于修水库；雨天它能喝，旱天它会吐 | 山上多栽树，等于修水库；雨多它能吞，雨少它能吐） / 81
山上毁林开荒，山下农田遭殃 / 82
山上圈一圈，胜于喂一天 / 103
山上郁郁葱葱，山下畜壮粮丰 / 82
山神未变，海神先变 / 188
山头戴帽，平地淹灶（山顶戴帽，必有雨到） / 172
伤心割菜籽，洒泪收芝麻 / 71
上粪如上金，产量增三分 / 35
舍不得苗儿，打一瓢儿 / 55
舍羊不舍草 / 103
深谷子，浅糜子，胡麻种在浮皮子 / 45
深埋硬砸，扁担也发芽 / 82
生菜不离园 / 45
牲口是半份家业（牲口是半份家产 | 牲灵是农家的半份家当） / 103
十成稻子九成秧 / 45
十冬腊月，滴水成冰 / 121
十里不同风，百里不同天（隔里不同风 | 十里不同雨，百里不同风） / 172
十年高下一般平 / 71
十年九不收，一收吃九秋（十年九不收，一收胜十秋） / 71
十年难逢金满斗，百年难逢首日春 / 137
十年树木，百年树人 / 83
十夜以上雨，低田尽叫苦 / 64
十月十回霜，有谷没仓藏 / 172
十月无工，只有梳头吃饭工（十月中，梳头吃饭当一工 | 十月中，梳头吃饭工） / 122
十月无霜，碓头无糠（十月无霜主大荒） / 172
十月小阳春 / 122
十月朝，放牛满山林 / 104
时和岁丰为上瑞 / 5
使的憨钱，治的庄田 / 15
适时十成收，过时二成丢 / 71
收麦如救火 / 72
手中有粮，心中不慌（囤里有粮，心中不慌 | 家中有粮，心中不慌） / 5
瘦牛瘦马，难过二月初八 / 104
瘦田耕穷人 / 15
书要苦读，田要细作 / 15
疏秧大肉，疏禾大谷 / 45
熟年田地隔丘荒，荒年田地隔丘熟 / 72
熟土加生土，饱得撑破肚（熟土

加生土，好比病人吃猪肚）/15
树木不修剪，只能当柴砍/83
树木成林，风调雨顺/83
树要有根，人要有田/16
数九喂好牛，种地不发愁/122
刷拭牛体，等于加料/104
霜降见霜，米烂陈仓（霜降见霜，谷米满仓｜霜见霜，谷满仓）/154
霜降霜降，霜止清明/154
霜前冷，霜后暖/154
水稻水稻，无水无稻/24
水稻水多是糖浆，小麦水多是砒霜/24
水缸穿裙山戴帽，大雨马上就来到（水缸出汗蛤蟆叫，马上大雨要来到）/188
水利水利，治水有利/24
水利通，民力松/24
水利要兴，粮食要增/24
水满池塘草满皮/188
水深养大鱼，粪肥出壮田/35
水是农业的命脉，林是雨水的源泉/83
水是庄稼命（水是庄稼命，肥是庄稼粮｜水是命，肥是劲｜水是庄稼命，惜水如惜金｜水是庄稼命，没水禾难生）/25
水是庄稼娘，无娘命不长（水是庄稼娘，无水命不长｜水是庄稼娘，没水苗干黄｜水是苗的娘，无娘命不长｜水是田家娘，无水秧不长）/25
水是庄稼血，肥是庄稼粮/25
水无一点不为利/25
水行百丈过墙头/25
顺风找牛，顶风找马/104
死节气，活办法/122
四月八，苜蓿花，吃稚杏/188
四月初八牛歇驾/104
松柏干死不下水，柳树淹死不上山/83
穗齐廿日饭/72

T

桃三李四，梅子十二/83
桃三杏四梨五年，大枣当年就还钱（三年桃，四年杏｜桃三杏四梨五年｜桃三杏四梨五载｜桃三杏四，枣树当年｜桃三杏四梨五年，山楂快也少不了四年）/84
天寒日短，无风便暖/122
天旱不误锄田，天涝不误浇园（天旱锄田，雨涝浇园｜天旱动锄头，雨涝浇园子｜天干不误锄园子，天雨不误浇苗子｜天旱不误锄苗子，雨涝

不误浇园子）/ 55
天旱收山，雨涝收川 / 72
天河东西，浆洗寒衣（天河东西，收拾棉衣 | 天河东西，收拾冬衣）/ 172
天九尽，地韭出 / 122
天上钩钩云，地上雨淋林(天上钩钩云，地下雨淋淋 | 钩钩云，雨淋淋）/ 172
天上有了扫帚云，不出三天大雨淋 / 173
天下农民是一家 / 6
天下之计，莫于食；天下至险，莫于海 / 6
天行莫如龙，地行莫如马 / 104
田边地角种一窝，养活一个老婆婆 / 45
田家四季苦，农人瞌睡香 / 6
田怕秋旱，人畏老贫（田怕秋旱，人怕老穷 | 人怕老来穷，稻怕秋来旱 | 人怕歪厮缠，稻怕正秋干 | 人怕老霉，稻怕秋干）/ 64
田是主人，人是客 / 16
田头地角出黄金 / 16
田园日日去，亲戚淡淡走 / 16
同样草，同样料，不同喂法不同膘 / 105
铜驴、铁骡、纸糊的马 / 105
头伏萝卜二伏菜，三伏荞麦不用盖（头伏萝卜末伏菜，尖头蔓青大头芥 | 头伏萝卜二伏芥，末伏里头种荞麦 | 头伏萝卜二伏菜，三伏有雨种荞麦 | 头伏萝卜末伏芥，中秋以里种白菜 | 头伏萝卜二伏菜，九月蜂子做糖卖）/ 123
头伏沤青满罐油，二伏沤青半罐油，三伏沤青没得油 / 123
头伏无雨二伏休，三伏无雨干到秋 / 123
头伏芝麻二伏粟，三伏天里种绿豆 / 124
头九暖，九九寒（头九寒，九九暖；头九暖，九九寒）/ 124
头水吊，二水叫，三水四水不离套（头水缓，二水赶 | 头水早，二水晚，三水赶，四水浅）/ 25
头有二毛好种桃，立不逾膝好种橘 / 84
土地无偏心，专爱勤劳人(土地不负勤劳人）/ 16
土结黄金子，地开白玉花 / 17
土里求财，不用说话 / 6
土能生万物，地可发千祥 / 6

W

歪嘴葫芦拐把瓢，品种不好莫怪苗 / 46
万事农为本，万民食为先 / 6
万水都归田，一料顶一年 / 26
万水归了田，旱魔干瞪眼 / 26
未雨先雷，到夜不来；未雨先风，来也不凶 / 173
未曾数九先数九，未曾数伏先数伏 / 124
乌云在东，有雨不凶；乌云集西，大雨凄凄 / 173
屋靠人支，人要粮撑（屋要人支，人要粮撑） / 6
无肥不长穗 / 35
无灰不种麦 / 35
无林无木，山区不富 / 84
无牛不成农，无猪不成家 / 105
无农不稳，无粮则乱（无农不稳，无工不富，无商不活） / 7
五谷天下宝，救命又养身 / 7
五月旱尽枣做底 / 84
五月六月看老云，七月八月看巧云（五六月，看恶云；七八月，看巧云） / 173
五月天，龙嘴里夺食（麦熟一晌，龙口夺粮 | 抢收抢打，龙口夺食） / 72
五月五，尝新谷 / 73
雾沟晴，雾山雨 / 174
雾露不收定是雨（雾露不收就是雨 | 大雾不散就是雨） / 174

X

西风头，南风脚 / 174
惜粪如惜金 / 36
蟋蟀鸣，懒妇惊（促织鸣，懒妇惊） / 182
戏在人唱，地在人种 / 17
下雪不冷消雪冷（下雪不冷化雪寒 | 下雪不冷化雪冷） / 174
夏吃百种草，冬食贮青料 / 105
夏末秋初一剂雨，赛过唐朝万斛珠（夏末秋初一剂雨，赛过唐朝一囤珠） / 174
夏天一口塘，冬天一铺床(冬天要间床，夏天要口塘) / 105
夏雨分牛背（六月下雨隔田塍 | 夏雨分牛迹 | 夏雨隔田晴 | 夏雨隔牛背，秋雨隔灰堆 | 夏雨隔灰堆，秋雨隔牛背 | 夏雨隔丘田，乌牛湿半肩） / 174
夏则资皮，冬则资絺；旱则资舟，水则资车 / 64
夏至东风摇，麦子水中捞 / 143
夏至棉田草，胜如毒蛇咬(夏至

棉田草，胜似毒虫咬 | 夏至不锄根边草，如同养下毒蛇咬）/ 143
夏至难逢端午日，百年难遇岁朝春 / 143
夏至未来莫道热，冬至未来莫道寒 / 144
夏至无雨，碓里无米 / 144
夏至西北风，瓜果一场空 / 144
夏至一阴生 / 144
夏至有雷三伏冷，重阳无雨一冬晴 / 144
夏至雨，值千金（夏至日下雨，一点值千金）/ 145
夏种晚一天，秋收晚十天 / 46
现了黄疸，减产一半 / 64
乡里没有泥腿，城里饿死油嘴（没有泥腿，饿死油嘴 | 没有乡下泥腿，饿死城里油嘴 | 没有乡下的泥腿子，饿死城里的油嘴子）/ 7
乡下人不种田，城里人断火烟 / 7
向阳茶树背阳杉，栽树容易保树难 / 84
向阳好种茶，背阴好插柳 / 85
削断麦根，牵断磨心 / 56
小寒大寒，冷成冰团 / 158
小寒小，大寒大，人们偏把小寒怕（小寒不如大寒寒，大寒之后天渐暖 | 小寒时处二三九，天寒地冻北风吼 | 小寒胜大寒）/ 159
小蚂蚁打架凶，定有大雨和大风；大蚂蚁打洞忙，准是风狂雨也狂 / 189
小麦不过九月节，只怕来年二月雪 / 65
小麦出头好下秧 / 189
小满不满，麦有一险 / 145
小满不满，芒种莫管（小满不满，芒种不管）/ 145
小满大麦黄 / 145
小满动“三车” / 145
小满见“三新” / 146
小满雀来全 / 146
小满天赶天 / 146
小暑不算热，大暑三伏天(小暑不算热，大暑正伏天）/ 146
小暑大暑，淹死老鼠（大暑小暑，灌死老鼠）/ 146
小暑前，草拔完（小暑前，草锄完）/ 146
小暑热得透，大暑凉飕飕 / 147
小树长歪能扶正，大树长歪做劈柴 / 85
小雪封地，大雪封河 / 159
笑脸求人，不如黑脸求土 / 7
歇田当一熟 / 17

新为桐，旧为铜 / 85
行船不饶风，耕田不饶土 / 17
杏花开，把地耕 / 189
杏花宜在山坞赏，桃花应在水边看 / 85
杏熟当年麦，枣熟当年禾（杏子黄，麦子熟） / 73

Y

鸭生蛋种田，鹅生蛋过年 / 106
衙门的钱，一溜烟；买卖行的钱，几十年；地里头的钱，万万年（衙门钱，一溜烟；买卖钱，六十年；庄稼钱，万万年 | 衙门钱，一熣烟；生意钱，六十年；种田钱，万万年 | 种田钱，万万年；做工钱，后代延；经商钱，三十年；衙门钱，一蓬烟 | 赃官钱，只眼前；赌博钱，水推船；买卖钱，六十年；庄户钱，万万年） / 8
严霜出杲日，雾露是好天 / 175
盐罐发卤，大雨如注 / 189
眼前富，喂母猪；半辈富，务树木 / 85
雁过十八天下霜，雷响一百八十日下霜 / 189
燕子低飞，蜘蛛收网（燕子飞得低，定无好天气） / 189
秧苗起身，还要点心 / 36
秧田撒尿素，稻谷满仓库 / 36
羊羔尚跪乳，慈鸦能反哺（鸦反哺，羊跪乳 | 羊羔跪乳，乌鸦反哺 | 羊羔知道跪乳，乌鸦知道反哺 | 羊羔有跪乳之情，乌鸦有反哺之恩 | 乌鸦有反哺之孝，羊羔有跪乳之情） / 106
羊马比君子（牛马比君子） / 106
羊走十里饱，牛走十里倒 / 106
阳春三月梨花白 / 190
杨柳儿青，放空钟；杨柳儿死，踢毽子 / 190
杨柳树搭着便生 / 86
杨梅不吃夏季水 / 86
阳桃无蹙，一岁三熟 / 86
杨要稀，松要稠，泡桐地里卧牛群 / 86
养牛为耕田，养猪为过年，养鸡养鸭为了换油盐 / 106
养羊种姜，子利相当 / 107
养猪不赚钱，回头望望田（养猪不为钱，只为粪肥田 | 养猪不赚钱，回头看看田） / 107
养猪没巧，窝干食饱（喂猪没巧，栏干肚饱 | 养牛无巧，圈干食饱） / 107

养猪要养荷包肚，养牛要养爬山虎 / 107
要吃好，勤添草 / 107
要吃面，泥里缠 / 46
要得庄稼好，须在粪上找 / 36
要发家，多安瓜 / 46
要发家，种棉花 / 46
要使牛长膘，多食露水草 / 107
要想风沙住，山上多栽树 / 86
要想富，男子力田女织布（若要富，男耕田，女织布 | 男当勤耕耘，女应多织布） / 8
要想棉花好，管理勤又早 / 56
要想明年虫子少，今年火烧园中草 / 65
要想暖，椿头大似碗 / 190
要想日子常常富，鸡叫三遍离床铺（要想富，早穿裤） / 124
要想致富快，庄稼兼买卖（要想发得快，庄稼带买卖 | 发家要想快，庄稼搅买卖） / 8
椰子椰子，一年育苗，五年结子，十年成荫 / 86
夜冻昼消，浇灌正好 / 26
一场春雨一场暖 / 175
一场冬雾，一场春雪 / 175
一场秋雨一场寒，阵阵秋风加衣衫（一场秋雨一场寒，三场秋雨要穿棉 | 一场秋雨一层衣，十场秋雨要穿棉） / 175
一场秋雨一场凉，一场白露一场霜 / 124
一担河泥一担金，一担垃圾一担银 / 36
一道锄头一道粪，三道锄头土变金 / 56
一滴水，一颗粮，水里就把粮食藏（一滴水，一颗粮，蓄水能使粮满仓 | 一滴水，一颗粮；一塘水，一仓粮 | 一滴水，一滴油；水满田，粮满楼 | 一桶水，一身汗，汗水一担粮一担） / 26
一方水土一方人（一方水土养一方民 | 一方水土养育一方人） / 17
一方水土一方特色 / 17
一分耕耘，一分收获（一分耕耘，一分收成 | 有一分耕耘，就有一分收获） / 73
一个星，保夜晴 / 175
一季施肥三季壮，一年施肥三年长（一料猪粪三料田） / 36
一季种田，三季收稻（一季种谷，三季收金） / 18
一九二九，滴水不流；三九四九，脱开石臼（一九二九，滴水不流；三九四九，冻破

缸白｜一九二九，冻坏井口；三九四九，掩门叫狗；五九六九，出门大走）／125
一九二九，伸不出手；三九四九冰上走／125
一粒谷，七担水（一粒米七斤四两水）／26
一粒良种，千粒好粮（一粒好种，千粒好粮｜一粒优种，千粒好粮）／46
一麦抵三秋／73
一苗喝一口，一亩增一斗／27
一亩园，十亩田（一亩园顶十亩田）／46
一亩之地，三蛇九鼠／65
一年青，二年紫，三年不斫四年死／86
一年收可敌三年水／18
一年受灾，三年难缓（一年受灾，三年难翻身）／65
一年之计，莫如树谷；十年之计，莫如树木（一年之计，莫如种谷；十年之计，莫如种木）／87
一年之计在于春，一春之计在立春／137
一年庄稼，两年性命／47
一年庄稼两年种（一年庄稼二年务｜一年庄稼两年工｜一年庄稼两年闹｜一年庄稼两年务｜一年的庄稼二年的苦｜一年庄稼，两年准备｜一年庄稼，两年务做）／126
一千根稻草，比不上一根青草／107
一人一亩土，到老不受苦／18
一人种竹十年盛，十人种竹一年盛／87
一日南风三日暴／176
一日无粮千军散／8
一日之计在于寅，一年之计在于春，一生之计在于勤(一年之计在春，一日之计在寅｜一年之计在于春，一日之计在于晨）／126
一声春雷动，遍地起爬虫／137
一水顶三旱，一平顶二坡／18
一天不锄草，三天锄不了／56
一碗水，半碗泥／27
一夜冷风吹，三天草料尽／108
一早三分收，十早不担忧／126
一朝无饭吃，父子两分离(三日无粮，父子难顾全｜一朝无食，父子无义；二朝无食，夫妻别离）／9
一朝无粮不驻兵（三日无粮不聚兵）／9
一粥一饭饿不杀，一耘一耥荒

不杀 / 9
一猪生九仔，连母十个样 / 108
一籽入土，万粒归仓（一籽下地，万粒归仓） / 47
衣成人，水成田（水成田，衣成人 | 无水不成田，无衣不成人） / 27
移树无时，莫教树知（移树无时，莫令树知） / 87
阴冷莫过倒春寒 / 126
银河吊角，鸡报春早 / 176
樱桃好吃树难栽，不下苦功花不开（樱桃好吃树难栽，白饭好吃田难开） / 87
有稻无稻，霜降放倒 / 154
有儿不过继，有钱不典地 / 18
有懒人，无懒地 / 19
有了肥料山，不愁米粮川 / 37
有了良种，田里有田，土里有土 / 47
有料无料，四角拌到 / 108
有苗三分收，无苗一场空 / 57
有钱难买五月旱，六月连阴吃饱饭（千金难买五月旱，六月连阴吃饱饭 | 五月旱，不算旱，六月连阴吃饱饭） / 127
有人斯有土，有土斯有财 / 9
有墒不等时，时到不等墒 / 127
有收无收在于水，收多收少在于肥 / 27
有水便生风，有风便有浪 / 27
有水遍地粮，无水遍地荒 / 28
有水苗儿壮，没水少打粮 / 28
有水无肥一半收，有肥无水看着丢（无肥有水一半收，有肥无水看着丢 | 有水无肥一半丢，有肥无水望天愁 | 有肥无水望天哭，有水无肥一半谷 | 有水无肥收一半，有肥无水瞪眼丢） / 28
有田就是仙 / 19
有心栽花花不开，无心插柳柳成荫（有意栽花花不活，无心插柳柳成荫 | 特意栽花花不活，无心插柳柳成荫 | 着意种花花不活，等闲插柳柳成荫） / 88
有雨山戴帽，无雨山没腰 / 176
有猪有牛，肥料不愁 / 108
鱼鳞天，不雨也风颠 / 176
鱼知三日水，水知三日风 / 190
雨打墓头钱，今岁好丰年（雨打墓头钱，今年好种田 | 雨打墓头钱，今年好丰年） / 138
雨打一大片，雹打一条线 / 65
雨后一星明，今宵天必晴 / 176
雨间雪，无休歇（夹雨雪，无休歇 | 夹雨夹雪，无休无歇 | 雨夹雪，不停歇） / 177

雨前椿芽嫩如丝，雨后椿芽如木质 / 138
雨前是上品，明前是珍品 / 138
雨洒清明节，麦子满地结 / 138
雨水有雨庄稼好，大春小春一片宝 / 138
雨水雨，水就匀；雨水晴，水不匀 / 138
雨雪连绵四九天 / 127
雨中知了叫，预报晴天到 / 190
玉米去了头，力气大如牛 / 57
欲作千箱主，问取黄金母 / 19
远看大，是筋马；远看小，是肉马 / 108
远看一张皮儿，近瞧四个蹄（先看四个蹄，后看一张皮 | 上选一张皮，下选四个蹄） / 109
月到中秋分外明 / 177
月亮打红伞，明天是风天 / 177
月亮打蓝伞，明日晒破脸 / 177
月晕而风，础润而雨（础润知雨，月晕知风 | 月晕而风，础汗而雨 | 月晕知风，础润知雨 | 月亮有晕要刮风） / 177
云交云，雨淋淋 / 178
云霓满天似鱼鳞，来朝日头晒杀人 / 178
云十翻，冲倒山 / 178
云似炮车形，没雨定有风 / 178
云雾山中出好茶 / 88
云行东，车马通；云行西，马溅泥；云行南，水涨潭；云行北，好晒麦（云行东，雨无踪；云行西，马践泥；云行南，雨潺潺；云行北，一场黑 | 云往东，刮大风；云往西，披蓑衣；云往南，撑大船；云往北，发大水 | 云朝东，地场空；云朝西，观音老母披蓑衣；云朝南，水潭潭；云朝北，干砚墨 | 云彩往东一阵风，云彩往西水和泥，云彩往南水连天，云彩往北一阵黑） / 178
云罩中秋月，雨打上元灯（八月十五滴一星，正月十五雪打灯 | 八月十五云遮月，正月十五雪打灯 | 雨打上元灯，云罩中秋月 | 云暗中秋月，雨打上元灯 | 中秋有月，来岁有灯） / 179

Z

栽得一亩桑，胜过十亩粮 / 88
栽树没巧，深刨实捣（栽树没巧，深埋实捣） / 88
栽树莫要过清明，种上棒槌也发青（春季造林，莫过清明 | 植树造林，莫过清明） / 139

栽树在河畔，防洪保堤岸 / 89
栽树种花，环境美化 / 89
栽秧割麦两头忙 / 127
栽一株，活一株，树林里面有珍珠 / 89
栽竹无时，雨过便移；多留宿土，记取南枝（栽竹无时，雨下便移；多留宿土，记取南枝） / 89
在田姜多腴，在山姜多辣 / 47
早稻抢雨，晚稻抢暑 / 139
早稻水上漂，晚稻插齐腰 / 48
早看东南，晚看西北 / 179
早立秋，暮飕飕；夜立秋，热到头（早晨立了秋，晚上凉悠悠） / 155
早起三朝当一工（三个五更抵一工 | 三日起早当一工 | 三早当一工 | 早起三更顶一工） / 127
早喂吃在腿上，迟喂吃在嘴上 / 109
早霞不出门，晚霞行千里（早霞不出门，晚霞走千里 | 朝霞不出门，暮霞行千里 | 朝霞不出门，晚霞行千里） / 179
枣树三年不算死 / 89
枣芽发，种棉花（枣树发芽好种棉） / 191
樟树落叶桃花红，白豆种子好出瓮 / 191
长根的要肥，长嘴的要吃（长嘴的要吃，生根的要肥 | 长嘴的要吃，长根须的要肥） / 9
掌握天时，不误农时 / 128
正月金，二月银 / 37
正月可栽大树 / 90
正月里，雨水好；二月里，雨水宝 / 180
植树把林造，防沙又防涝 / 90
只要动动手，肥源到处有 / 37
智如禹汤，不如常耕 / 9
种地不浇水，庄稼就捣鬼 / 28
种地不上粪，等于瞎胡混（种地不上粪，常年空空囤 | 种地不上粪，枉把老天恨 | 种地不上粪，一年白费劲 | 种田不撒粪，等于瞎胡混） / 37
种地无他巧，三年两头掉；三年两头掉，地肥人吃饱（种地没巧，三年一倒） / 48
种地在人，长苗在地，收成在天（种在人，收在天 | 种不种在人，收不收在天） / 48
种瓜得瓜，种豆得豆（种瓜还得瓜，种豆还得豆 | 种瓜须得瓜，种豆还得豆 | 种瓜得瓜，种粟得粟 | 种豆出豆，种瓜出瓜 | 种花得花，种果得果 | 种

麻得麻，种豆得豆）／48
种绿豆，地不宜肥而宜瘦（种绿豆，地宜瘦）／49
种田不赤脚，收成你莫想／49
种田不上边，是个懒身汉／49
种田肥出头，一粪遮百丑／37
种田先作岸，种地先作沟／65
种田有良种，好比田土多几垄／49
种庄禾要有牛，耍把戏要有猴（种地要有牛，耍把戏要有猴）／109
种庄稼，看行家／50
种庄稼不是吹糖人／50
种子年年选，秋收不会减／48
猪困长肉（猪困长膘，人困长肉）／109
猪买一张嘴，牛马四条腿／110
猪婆子到老一刀阉／110
猪衔草，寒潮到（猪筑窝，下大雪）／191
猪衔草，有雨到；雁南飞，寒潮急／191
贮草如贮牛，保草如保粮／110
筑堤不栽树，风浪挡不住／90
庄户地里不打粮，万般生意歇了行／10
庄稼不丢，五谷不收／73
庄稼不认爹和娘，深耕细作多打粮／57
庄稼不收，管理不休／57
庄稼没有粪，到老赔了本／38
庄稼人是属鸡的，就得在土里刨食吃／19
庄稼行里不用问，除了人力就是粪／37
庄稼要发旺，多把粪土上／38
庄稼一枝花，科学是当家／50
庄稼一枝花，全凭粪当家（庄稼一朵花，全靠粪当家｜庄稼一枝花，全靠肥当家）／38
啄木鸟梆梆，害虫死光光／90
坐贾行商，不如开荒／10
做官凭印，种地靠粪／38